"大数据应用开发（Java）"1+X 职业技能等级证书配套教材

蓝桥学院"Java 全栈工程师"培养项目配套教材

Java 程序设计高级教程

国信蓝桥教育科技（北京）股份有限公司　组编

郑　未　颜　群　编著

電子工業出版社

Publishing House of Electronics Industry

北京·BEIJING

内 容 简 介

本书是“大数据应用开发（Java）”1+X 职业技能等级证书配套教材，同时也是蓝桥学院“Java 全栈工程师”培养项目配套教材。全书共 10 章，以 Java 异常处理机制、集合和泛型、IO 和 XML、Java 反射机制、Java 多线程机制、Java 网络编程 API、Java 注解、JUnit、JDK 8 新特性以及 JDBC 为基础，系统介绍 Java 编程中的高级特性和高级处理机制。本书章节设计合理，配套资源丰富，采用“文字+图片+案例”的讲解形式，从多个角度向读者呈现 Java 高级编程的具体语法和使用步骤，尽可能降低读者的学习门槛。

本书直接服务于“大数据应用开发（Java）”1+X 职业技能等级证书工作，可作为职业院校、应用型本科院校计算机应用技术、软件技术、软件工程、网络工程和大数据应用技术等计算机相关专业的教材，也可供从事计算机相关工作的技术人员参考。

图书在版编目（CIP）数据

Java 程序设计高级教程 / 国信蓝桥教育科技（北京）股份有限公司组编；郑未，颜群编著.
—北京：电子工业出版社，2021.1
ISBN 978-7-121-40467-2

Ⅰ. ①J… Ⅱ. ①国… ②郑… ③颜… Ⅲ. ①JAVA 语言－程序设计－高等学校－教材 Ⅳ. ①TP312.8

中国版本图书馆 CIP 数据核字（2021）第 009255 号

责任编辑：程超群
印　　刷：河北鑫兆源印刷有限公司
装　　订：河北鑫兆源印刷有限公司
出版发行：电子工业出版社
　　　　　北京市海淀区万寿路 173 信箱　邮编：100036
开　　本：787×1 092　1/16　印张：14.5　字数：371 千字
版　　次：2021 年 1 月第 1 版
印　　次：2023 年 12 月第 6 次印刷
定　　价：49.00 元

凡所购买电子工业出版社图书有缺损问题，请向购买书店调换。若书店售缺，请与本社发行部联系，联系及邮购电话：（010）88254888，88258888。

质量投诉请发邮件至 zlts@phei.com.cn，盗版侵权举报请发邮件至 dbqq@phei.com.cn。

本书咨询联系方式：（010）88254577，ccq@phei.com.cn。

序

国务院2019年1月印发的《国家职业教育改革实施方案》明确提出，从2019年开始，在职业院校、应用型本科高校启动“学历证书+若干职业技能等级证书”制度试点（即“1+X”证书制度试点）工作。职业技能等级证书，是职业技能水平的凭证，反映职业活动和个人职业生涯发展所需要的综合能力。

“1+X”证书制度的实施，有赖于教育行政主管部门、行业企业、培训评价组织和职业院校等多方力量的整合。培训评价组织是其中不可忽视的重要参与者，是职业技能等级证书及标准建设的主体，对证书质量、声誉负总责，主要职责包括标准开发、教材和学习资源开发、考核站点建设、考核颁证等，并协助试点院校实施证书培训。

截至2020年9月，教育部分三批共遴选了73家培训评价组织，国信蓝桥教育科技（北京）股份有限公司（下称“国信蓝桥”）便是其中一家。国信蓝桥在信息技术领域和人才培养领域具有丰富的经验，其运营的“蓝桥杯”大赛已成为国内领先、国际知名的IT赛事，其蓝桥学院已为IT行业输送了数以万计的优秀工程师，其在线学习平台深受院校师生和IT人士的喜爱。

国信蓝桥在广泛调研企事业用人单位需求的基础上，在教育部相关部门指导下制定了“1+X”《大数据应用开发（Java）职业技能等级标准》。该标准面向信息技术领域、大数据公司、互联网公司、软件开发公司、软件运维公司、软件营销公司等IT类公司、企事业单位的信息管理与服务部门，面向大数据应用系统开发、大数据应用平台建设、大数据应用程序性能优化、海量数据管理、大数据应用产品测试、技术支持与服务等岗位，规定了工作领域、工作任务及职业技能要求。

本丛书直接服务于职业技能等级标准下的技能培养和证书考取需要，包括7本教材：

- 《Java程序设计基础教程》
- 《Java程序设计高级教程》
- 《软件测试技术》
- 《数据库技术应用》
- 《Java Web应用开发》
- 《Java开源框架企业级应用》
- 《大数据技术应用》

目前，开展“1+X”试点、推进书证融通已成为院校特别是“双高”院校人才培养模式改革的重点。所谓书证融通，就是将“X”证书的要求融入学历证书这个“1”里面去，换言之，在人才培养方案的设计和实施中应包含对接“X”证书的课程。因此，选取本丛书的全部或部分作为专业课程教材，将有助于夯实学生基础，无缝对接“X”证书的考取和职业技能的提升。

为使教学活动更有效率，在线上、线下深度融合教学理念指引下，丛书编委会为本丛书配备了丰富的线上学习资源。获取相关信息，请发邮件至 x@lanqiao.org。

最后，感谢教育部、行业企业及院校的大力支持！感谢丛书编委会全体同人的辛苦付出！感谢为本丛书出版付出努力的所有人！

郑　未

2020 年 12 月

丛书编委会

前　言

在掌握了 Java 基础编程知识后，如何更进一步学习 Java 高级编程技术是很多人关心的问题。为此，在经过广泛调研后，本书选取了集合、多线程和网络编程等在企业中常用的 Java 高级技术进行讲解，力争体现较高的实战应用价值，期望读者通过本书快速提升技术水平。

本书大部分章节的内容是独立的，所以在阅读本书时，既可以按照章节编号顺序阅读并进行实践，也可以根据自己的兴趣按照任意的顺序进行选择。

由于 Java 高级编程偏向于实战，在阅读书中某些知识时，通过文字可能很难深刻领悟其精髓，此时就需要认真地分析书中呈现的经典案例。当读者动手实现知识对应的案例后，就会有一种恍然大悟的感觉。例如，虽然本书已经非常详尽地介绍了 JDBC 的重点和难点知识，但相信仍然会有部分初学者感到困惑。一种推荐的解决方案就是结合书中的案例反复推敲并动手实践，当读者阅读完几个 JDBC 案例并动手实验之后就会发现，其实 JDBC 就是一种模板代码，每次编写时只需要遵循一定的“模板”就能完成大部分功能。所以，建议读者在学习本书时，多动手实践书中给出的案例。

本书是“大数据应用开发（Java）”1+X 职业技能等级证书配套教材，同时也是蓝桥学院“Java 全栈工程师”培养项目配套教材，主要介绍 Java 高级 API 和高级机制。为了帮助读者切实掌握书中内容，蓝桥学院搭建并部署了蓝桥在线平台，在平台中提供了配套的实验环境、图文教程和视频课程，书中涉及的所有案例都可以在蓝桥云平台上实现。

本书共 10 章。第 1 章讲解了 Java 中的异常处理机制，可以对程序中可能发生的异常代码进行预防性的处理。第 2 章是集合和泛型，其中，集合框架是对常用数据结构的实现，提供了丰富的访问和处理数据集的操作；泛型则用于对集合中的数据类型进行约束。第 3 章是 IO 和 XML，其中，IO 技术可以使得内存数据和硬盘等外存中的数据进行交互；而 XML 文件可以存储少量数据，常用于充当一些框架技术的配置文件。第 4 章介绍 Java 反射机制，反射可以在程序运行时动态获取类的信息，动态创建对象实例、改变属性值和调用方法等。第 5 章是 Java 多线程机制，讲解了多线程的基本原理和使用方法，并介绍了如何实现简单的数据共享，以及线程协作等内容。第 6 章介绍了 Java 网络编程 API 相关的内容，重点讲解了如何使用 Socket 技术进行网络通信。第 7 章是 Java 注解，第 8 章是 JUnit，这两章也是 Java 开发者必备的技能，但受目前所学知识的限制，本书对这两块内容并没有深入讲解，建议大家暂时掌握书中的内容即可，后续可以根据自己的需求再扩展学习。第 9 章介绍 JDK 8 新特性，是为了适应 Java 发展而增加的章节，重点讲解了 Lambda 表达式和方法引用等 JDK 8 中新增的重要特性。第 10 章讲解的 JDBC 技术可以作为 Java 程序和数据库的桥梁，将二者连通起来。

本书由郑未和颜群两位老师合作编写，其中，郑未老师编写了第 1 章～第 5 章，颜群老师编写了第 6 章～第 10 章。

郑未老师是“大数据应用开发（Java）”1+X职业技能等级证书标准的主要制定者和起草人，是蓝桥杯大赛技术专家，有着丰富的信息系统开发、管理经验，也有丰富的职业教育教学和管理经验。颜群老师是阿里云云栖社区等知名互联网机构的特邀技术专家、认证专家，曾出版多本专著，拥有多年的软件开发及一线授课经验，在互联网上发布的精品视频课程获得广泛好评。

感谢丛书编委会各位专家、学者的帮助和指导；感谢配合技术调研的企业及已毕业的学生；感谢蓝桥学院各位同事的大力支持和帮助。另外，本书参考和借鉴了一些专著、教材、论文、报告和网络上的成果、素材、结论或图文，在此向原创作者一并表示衷心的感谢。

期望本书的出版能够为软件开发相关专业的学生、程序员和广大编程爱好者快速入门带来帮助，也期望越来越多的人才加入软件开发行业中来，为我国信息技术发展做出贡献。

由于时间仓促，加之编者水平有限，疏漏和不足之处在所难免，恳请广大读者和社会各界朋友批评指正！

编者联系邮箱：x@lanqiao.org

编　者

目　录

第 1 章

Java 异常处理机制

本章简介

在学习本章以前，如何处理可能产生异常的代码是一项特殊的工作，我们往往会使用形如“if（!异常）{正常逻辑代码}else{异常处理逻辑代码}”的结构进行处理，但这种做法会混淆异常处理和业务逻辑。本章讲解的异常处理机制可以将程序中的业务代码和异常处理代码相分离，从而使开发者可以更加专注于业务代码编写，并使程序更加优雅。

本章将详细介绍什么是异常以及异常的继承关系，如何使用 try…catch…finally 等语句处理异常，以及自定义异常的使用，最后介绍一些编程中的常见异常类型。

1.1 异常的概念及分类

1.1.1 异常的概念

在程序运行过程中，经常会出现一些意外的情况，这些意外可能导致程序出错或者崩溃，从而影响程序的正常执行，如果不能很好地处理这些意外情况，程序的稳定性将会受到影响。在 Java 语言中，将这些程序意外称为异常（Exception），出现异常时的处理称为异常处理。合理的异常处理可以使整个项目更加稳定，也可以分离程序中的正常逻辑代码和异常处理逻辑代码，便于代码的阅读和维护。

请看程序清单 1.1，运行结果如图 1.1 所示。

```
public class TestEx {
    public static void main(String[] args) {
        String teachers[] = {"柳海龙", "孙传杰", "孙悦"};
        for (int i = 0; i < 4; i++) {
            System.out.println(teachers[i]);
        }
        System.out.println("显示完毕！");
    }
}
```

程序清单 1.1

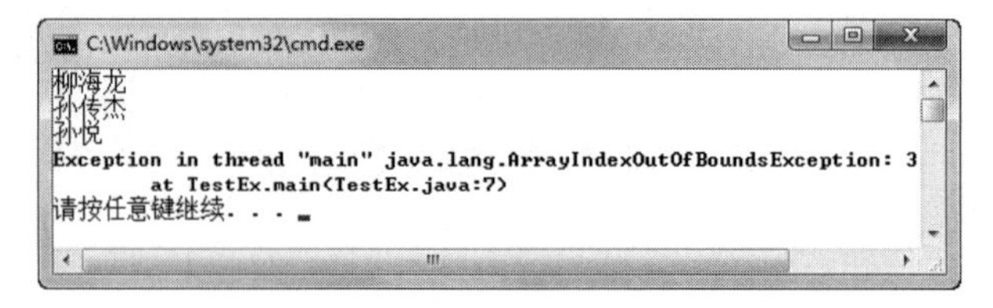

图 1.1　异常引入（1）

程序出错的原因很简单，程序员定义的数组长度是 3，而在使用数组时却访问了下标为 3 的第 4 个数组元素，所以程序出现异常。

再看程序清单 1.2 所示的程序。

```
import java.util.Scanner;
public class TestEx2 {
    public static void main(String[] args) {
        int appleNum = 0;                //苹果数
        int stuNum = 0;                  //学生数
        System.out.println("***现在给孩子们分苹果***");
        Scanner input = new Scanner(System.in);
        System.out.print("请输入桌子上有几个苹果：");
        appleNum = input.nextInt();
        System.out.print("请输入班上有几个孩子：");
        stuNum = input.nextInt();
        System.out.println("班上每个孩子分得多少苹果：" + appleNum / stuNum);
        System.out.println("孩子们非常开心！");
    }
}
```

程序清单 1.2

运行程序，分两次输入数值，程序运行结果如图 1.2 和图 1.3 所示。

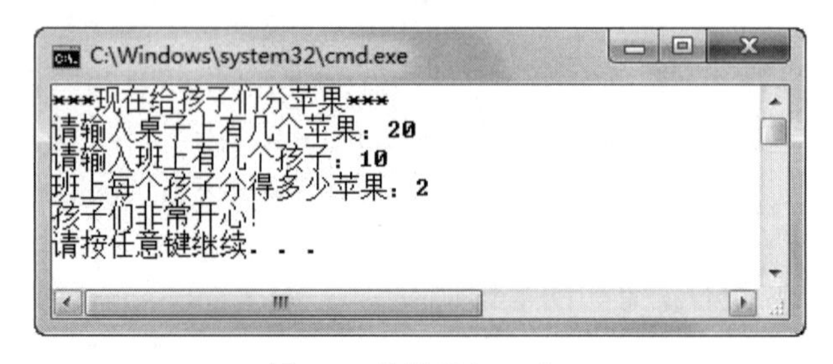

图 1.2　异常引入（2）

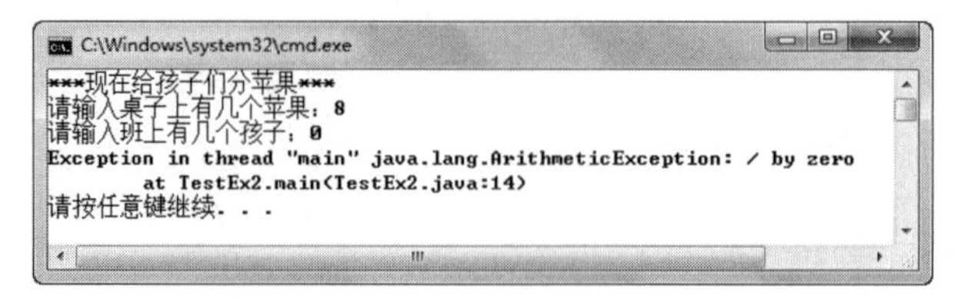

图 1.3　异常引入（3）

如图 1.2 所示，把 20 个苹果分给 10 个孩子，每个孩子得到 2 个苹果。但是，如果在输

入的过程中，用户不小心在输入班上孩子数时输入值为 0，就出现了如图 1.3 所示的异常。

如何解决程序清单 1.1 和程序清单 1.2 中的问题呢？

第一个程序的解决方法很简单，在 for 循环中，将第二个表达式由“i < 4”改为“i < teachers.length”即可，这样通过数组的长度控制了循环的次数，保证不会出现数组下标越界的问题。

第二个程序的解决方法也不难，可以采用 do…while 循环的方式进行判断，如果用户输入的孩子数为 0，则要求用户继续输入，通过这种方式，就解决了除数为 0 的异常产生的问题，详见程序清单 1.3。

```
import java.util.Scanner;

public class TestEx4 {
    public static void main(String[] args) {
        int appleNum = 0;                //苹果数
        int stuNum = 0;                  //学生数
        System.out.println("***现在给孩子们分苹果***");
        Scanner input = new Scanner(System.in);
        System.out.print("请输入桌子上有几个苹果：");
        appleNum = input.nextInt();
        while (stuNum == 0)              //如果输入孩子数为 0，则要求用户再次输入
        {
            System.out.print("请输入班上有几个孩子（孩子数不能为 0）：");
            stuNum = input.nextInt();
        }
        System.out.println("班上每个孩子分得多少苹果：" + appleNum / stuNum);
        System.out.println("孩子们非常开心！");
    }
}
```

程序清单 1.3

程序运行结果如图 1.4 所示。

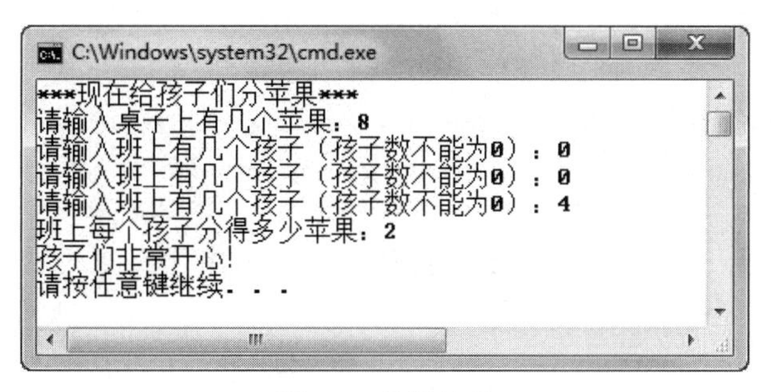

图 1.4　异常处理

采用判断语句的方式进行异常的处理，首先必须意识到哪些地方可能出现异常，在可能出现异常的地方加入判断语句和处理代码。但是这种处理方式对程序员的要求高，因为开发者很难列举出所有的异常发生情况，而且代码量大，程序结构混乱。对于此类情况，一种较好的解决方案就是使用异常机制。

1.1.2 异常的分类

在学习异常的具体使用前，需要先知道异常的分类，以及了解 Java 异常的继承关系，从而了解 Java 异常的层次结构。Java 异常的继承关系如图 1.5 所示。

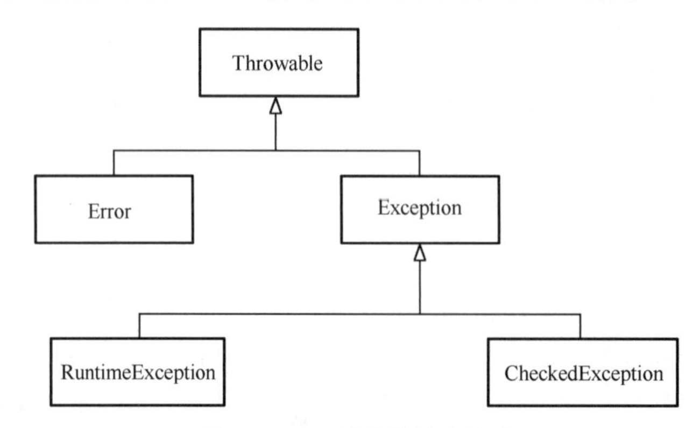

图 1.5 Java 异常的继承关系

图 1.5 中各个类的含义如下：

Throwable：异常的基类，所有异常都继承自 java.lang.Throwable 类。Throwable 类有两个直接子类：Error 类和 Exception 类。

Error：Java 应用程序本身无法恢复的严重错误，应用程序不需要捕获、处理这些严重错误。通常情况下，程序员无须处理此类异常。

Exception：由 Java 应用程序抛出和处理的非严重错误（即异常），也是本章重点学习的对象。异常可分为运行时异常（RuntimeException）和检查异常（CheckedException）两种。

RuntimeException：运行时异常，即程序运行时抛出的异常，程序员在编程时即使不做任何处理，程序也能通过编译。前述数组下标越界异常和除数为 0 的异常都是运行时异常。

CheckedException：检查异常，又称为非运行时异常，这样的异常要求程序员必须在编程时进行处理，否则就无法编译通过。需要特别注意的是，在 JDK 的异常定义体系中（即在所有 Throwable 的子类中），并不存在真正的 CheckedException 类。也就是说，图 1.5 中的所有类名，都能在 JDK 中找到对应的 API，但唯独 CheckedException 类并不是真实存在的。一般而言，如果一个类继承自 RuntimeException，就称此类为运行时异常；反之，如果一个类没有继承 RuntimeException，但继承了 Exception 或 Throwable，就称此类为检查异常。

1.2 异常的捕获及处理

1.2.1 异常简介

所谓异常处理，就是发生异常之后程序员要求程序该如何操作。根据异常可能发生的位置，通常有两种预防性处理策略：如果开发者认为一旦出现异常最好立即处理，那么就可以采用“捕获异常并处理”的方式；反之，如果开发者认为此时出现的异常暂时可以不进行处理，就可以将异常抛出并由上一级去处理，这里的“上一级”是指方法的调用者。例如，a 方法调用了 b 方法，并且在 b 方法中产生了异常，那么 b 方法就可以将异常抛给 a 方法去处理。

现在通过一个比喻来对比异常的两种处理机制。家里的空调在运行时可能会出现灰尘太多或者无法制冷等异常情况，我们就可以对这些不同类型的异常情况分类处理。类似于"灰尘太多"这种异常，如果我们认为自己能够处理，就可以自己直接做清洁处理；但诸如"无法制冷"的异常情况，我们通常无法直接自己处理，就应该将这种异常抛出去，交给卖家去处理（这里的"卖家"就是消费者购买空调的上级）。同理，对于卖家而言，如果自己能够维修就直接处理，否则就将该异常继续抛给经销商的上一级去处理，直至抛给生产商。空调的生产商是空调销售链上的顶层。在 Java 异常处理机制中，异常抛到的顶层就是 JVM 了。

1.2.2　异常的两种处理方式

具体而言，Java 对异常的处理有以下两种方式：

（1）捕获异常并处理。先在一段可能抛出异常的代码外，用"try{…}catch{…}"结构包裹起来。如果运行时发生了异常，那么此次异常就会进入"catch{…}"代码块；如果一直没有异常发生，程序就不会进入"catch{…}"代码块。并且"catch{…}"可以针对抛出的不同类型的异常捕获后进行分类处理。

（2）抛出异常。通过 throws 关键字，将异常抛给上一级处理。

"捕获异常并处理"的语法形式如下：

```
try{
   //可能抛出异常的语句块
}catch(SomeException1 e)// SomeException1 特指某些异常，非 Java 中具体异常，下同
{
   //当捕获 SomeException1 类型的异常时执行的语句块
} catch(SomeException2 e)
{
   //当捕获 SomeException2 类型的异常时执行的语句块
}finally{
   //无论是否发生异常都会执行的代码
}
```

以上代码中，用不同的"catch(具体异常类型)"捕获了不同类型的异常。此外，还可以使用"catch(Exception 基类)"一次性捕获所有类型的异常，代码形式如下所示：

```
try{
   //可能抛出异常的语句块
}catch(Exception1 e) // 一次性捕获所有类型的异常
{
   //当捕获异常时执行的语句块
}finally{
   //无论是否发生异常都会执行的代码
}
```

在使用异常处理机制编写具体的代码前，先做一点说明：深层次的编程学习往往是一门艺术，而不仅仅是"对与错"的问题。当有多种方式可以实现某一个功能时，我们就应该去思考哪种方式是最优的。就本小节而言，我们知道运行时异常和检查异常都属于异常

的分支，因此在语法上都可以使用“try…catch…”对二者进行捕获。但仔细想想，JVM 为何要区分这两类异常呢？为何 JVM 要强制让开发者在编译时处理检查异常，而无须显式地处理运行时异常呢？笔者认为，数组下标越界异常、除数为 0 和空指针等运行时异常，是由于开发者在编写程序时的逻辑不合理造成的，完全可以通过优化已有代码来解决，例如，使用“if(i<数组.length){数组[i]}”避免数组下标越界异常，使用“if(x!=0){将 x 作为除数}”避免除数为 0 异常，使用“if(y !=null) {y.方法() 或 y.属性}”避免空指针异常等。但检查异常往往是开发者无法避免的异常，例如，在网络编程时有一个检查异常是“超时异常（SocketTimeoutException）”，是指客户端和服务端双方在通信时，如果一方在很长一段时间内都无法成功发送消息，就会触发此类异常。但作为程序员，我们能够优化的仅仅是代码，而“超时异常”可能是由于网络条件差等客观因素造成的，是程序员无法通过代码避免的问题，因此，JVM 就会强制要求程序员对这种检查异常进行显式的处理（使用“try…catch…”或后续学习的 throws 关键字）。综上所述，在实际开发时，建议大家使用 if 等逻辑判断，尽可能地避免运行时异常的发生，而只对检查异常使用“try…catch…”或 throws 进行处理。当然，通过代码列举并处理所有的运行时异常类型也是不现实的，为此大家可以在 catch 结构的最后再使用“catch(Exception 基类)”捕获遗漏的异常类型，从而增强程序的健壮性。

遗憾的是，鉴于我们目前所学的知识有限，截至目前，我们接触到的“空指针”等异常都属于运行时异常。因此，本章在介绍异常处理机制时，仍然有一部分代码用到了运行时异常。但在大家后续积累了足够的知识后，还是建议“尽量使用逻辑判断避免运行时异常，使用“try…catch…”等异常处理机制处理检查异常”。

再请大家思考一个问题：直接使用“catch(Exception 基类)”一次性捕获所有类型的异常是否为最方便的呢？接下来还是先从程序开始，看看如何编写异常处理逻辑，详见程序清单 1.4。

```
public class TestEx5 {
    public static void main(String[] args) {
        try {
            String teachers[] = {"柳海龙", "孙传杰", "孙悦"};
            for (int i = 0; i < 4; i++) {
                System.out.println(teachers[i]);
            }
        } catch (Exception e) {
            System.out.println("数组下标越界，请修改程序！");
        }
        System.out.println("显示完毕！");
    }
}
```

程序清单 1.4

该程序中，将可能抛出异常的代码放在了 try 语句块里，并使用“catch (Exception e)”语句对所有异常进行捕获。如发生异常则输出“数组下标越界，请修改程序！”且不退出程序，继续执行异常后面的代码。程序运行结果如图 1.6 所示。

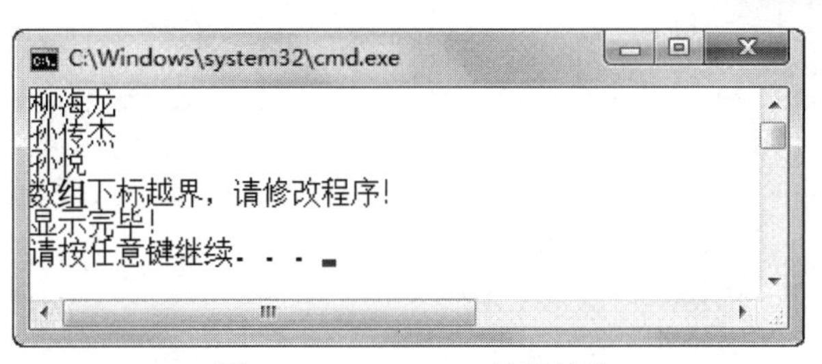

图 1.6　try…catch…异常结构

如果 try 语句块中的代码不抛出异常，则执行完 try 语句块后，catch 语句块中的代码不被执行；如果 try 语句块抛出异常，则 try 语句块中发生异常后的代码将不再被执行，而由相应的 catch 语句进行捕获，catch 语句块中的代码将会被执行。这里相应的 catch 语句是指，catch 语句后面捕获异常声明的类型必须与 try 语句抛出异常的类型一致，或者是抛出异常类型的父类。此时，程序的执行效果是符合我们预期的，但如果将上面的程序做如下修改：

（1）修改 for 循环的第二个表达式，由“i < 4”改成“i < teachers.length”，使该段程序不会抛出数组下标越界异常；

（2）将“现在给孩子们分苹果”的程序代码加入本程序的 try 语句块中。

具体代码如程序清单 1.5 所示，编译并运行程序，输入苹果数为 8、孩子数为 0，观察程序运行结果，如图 1.7 所示。

```
public class TestEx6 {
    public static void main(String[] args) {
        try {
            String teachers[] = {"柳海龙", "孙传杰", "孙悦"};
            for (int i = 0; i < teachers.length; i++) {
                System.out.println(teachers[i]);
            }
            int appleNum = 0;           //苹果数
            int stuNum = 0;             //学生数
            System.out.println("***现在给孩子们分苹果***");
            Scanner input = new Scanner(System.in);
            System.out.print("请输入桌子上有几个苹果：");
            appleNum = input.nextInt();
            System.out.print("请输入班上有几个孩子：");
            stuNum = input.nextInt();
            System.out.println("班上每个孩子分得多少苹果：" + appleNum / stuNum);
            System.out.println("孩子们非常开心！");
        } catch (Exception e) {
            System.out.println("数组下标越界，请修改程序！");
        }
        System.out.println("显示完毕！");
    }
}
```

程序清单 1.5

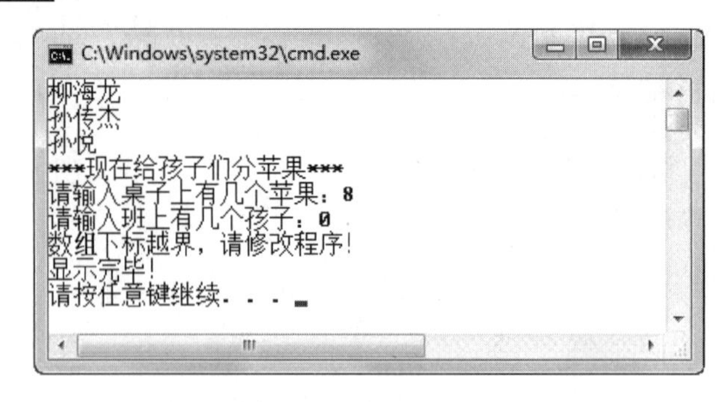

图 1.7　异常处理中的问题

仔细观察程序运行结果会发现，程序中明明抛出的是除数为 0 的算数异常，但显示的内容却是“数组下标越界，请修改程序！”。出现这个问题的原因就是，该程序“catch (Exception e)”捕获了所有类型的异常，当然也包括除数为 0 的算数异常，因此会在捕获后执行显示“数组下标越界，请修改程序！”。由此可见，不能为了方便而使用“catch (Exception e)”捕获所有类型的异常，而应该尽可能地捕获不同类型的异常。接下来修改上面的代码，思路为在 catch 语句后，针对不同类型的异常执行不同的异常处理逻辑，具体代码如程序清单 1.6 所示。

```
public class TestEx7 {
    public static void main(String[] args) {
        try {
            String teachers[] = {"柳海龙", "孙传杰", "孙悦"};
            for (int i = 0; i < teachers.length; i++) {          //可以将循环次数改回 4，再次运行
                System.out.println(teachers[i]);
            }
        //省略“现在给孩子们分苹果”程序的代码
        } catch (ArrayIndexOutOfBoundsException e)          //捕获数组下标越界异常
        {
            System.out.println("数组下标越界，请修改程序！");
        } catch (ArithmeticException e)                     //捕获算数异常
        {
            System.out.println("算数异常，请检查程序！");
        }
        System.out.println("程序执行完毕！");
    }
}
```

程序清单 1.6

编译并运行程序，依然输入苹果数为 8、孩子数为 0，显示“算数异常，请检查程序！”，如图 1.8 所示。

将 for 循环中的“i < teachers.length”改回“i < 4”，再次运行程序，显示“数组下标越界，请修改程序！”，如图 1.9 所示。这样处理的好处是，try 语句块可能抛出不同类型的异常，catch 语句根据异常类型的不同分别进行捕获，执行不同的异常处理逻辑，使异常的处理更加合理。

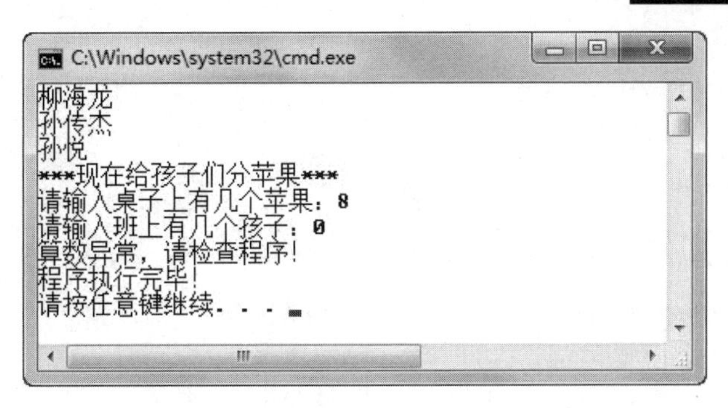

图 1.8　异常处理中多个 catch 语句（1）

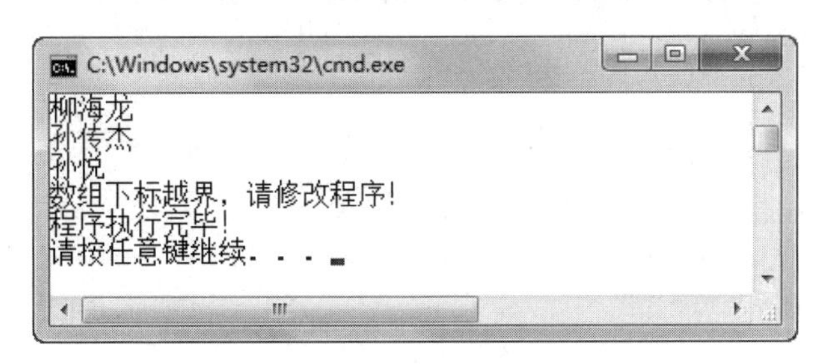

图 1.9　异常处理中多个 catch 语句（2）

如果用一个 catch 捕获一种具体类型的异常，显然又需要程序员列举出所有可能发生的异常类型，这种做法似乎与使用 if 判断无异。如何解决呢？在捕获了多个类型的异常之后，再使用 Exception 捕获所有类型的异常即可。这种逻辑就像是在 switch 结构中先用不同的 case 匹配不同的选择情况，再在最后使用 default 接收剩余的选择情况。代码形式如下所示：

```
try {
        ...
} catch (ArrayIndexOutOfBoundsException e)        //捕获数组下标越界异常
{
        ...
} catch (ArithmeticException e)                   //捕获算数异常
{
        ...
} catch (Exception e)                   //捕获其余所有类型的异常，类似于 switch 结构中的 default
{
        ...
}
```

有读者可能会问，这样做是否会将一个异常捕获多次呢？例如，“数组下标越界异常”是否会被“catch (ArrayIndexOutOfBoundsException e)”和“catch (Exception e)”分别捕获一次？答案是不会，这个问题会在后文进行介绍。目前先记住一点：各个 catch 结构是平行处理的，类似于各个 case 结构。

接下来的案例是一个客户端/服务端程序，其中使用的技术之前没有学习过，但案例中已经进行了注释，需要大家读懂程序并理解其含义。在以后的学习、工作中，肯定会遇到一些我们没有学习过的新技术、新问题，这时就需要大家一边学习一边理解。详见程序清单 1.7。

```
import java.net.*;                                    //导入 Java 网络包
import java.io.*;                                     //导入 I/O 包
public class TestEx8 {
    //声明服务器端套接字对象
    public static ServerSocket ss = null;

    //暂不理会 throws IOException 代码的含义，之后的课程会详细介绍
    public static void main(String[] args) throws IOException {
        try {
            //实例化服务器端套接字，服务器端套接字等待请求通过网络传入
            ss = new ServerSocket(5678);              //其中 5678 为端口号
            //侦听并接受此套接字的连接
            Socket socket = ss.accept();
            //省略其他代码
        //当发生某种 I/O 异常时，抛出 IOException 异常
        } catch (IOException e) {
            //关闭此套接字
            ss.close();
            //省略其他代码
        }
        //省略其他代码
    }
}
```

程序清单 1.7

1.2.3 finally

仔细阅读程序清单 1.7 可知，在 try 语句块中实例化一个服务器端套接字对象并调用该对象的方法，如果 try 语句块中出现 IOException 异常，则使用 catch 语句块进行捕获和处理，关闭这个服务器套接字，并执行其他操作。但如果程序没有抛出 IOException 异常，正常执行，则关闭服务器端套接字的代码将不会执行，这个套接字不会被关闭，而是继续占用系统资源，这并不是程序开发人员希望的。接下来使用 finally 语句块，保证无论是否发生异常，finally 语句块中的代码总被执行，具体代码如程序清单 1.8 所示。

```
import java.io.IOException;
import java.net.ServerSocket;
import java.net.Socket;

public class TestEx9 {
    public static ServerSocket ss = null;

    public static void main(String[] args) throws IOException {
        try {
            ss = new ServerSocket(5678);
            Socket socket = ss.accept();
            //省略其他代码
```

```
            } catch (IOException e) {
                //省略其他代码
            } finally {
                //关闭此套接字
                ss.close();
            }
            //省略其他代码
        }
    }
```

程序清单 1.8

使用 finally 语句块，保证了无论 try 语句块中是否出现异常，finally 语句块中的代码都会被执行，本例中服务器端套接字 ss 对象都会被关闭。

在 try…catch…finally 异常处理结构中，try 语句块是必须的；catch 和 finally 语句块均为可选的，但两个语句块至少出现一个。

也许有人会有这样的疑问：如果在 try 语句块中或者 catch 语句块中存在 return 语句，finally 语句块中的代码还会被执行吗？不是说 return 语句的作用是将结果返回给调用者，而不再执行 return 语句后面的代码吗？Java 异常处理机制对这个问题的处理方法是，当 try 或 catch 语句块中有 return 语句时，先执行 try 或 catch 语句块中 return 语句之前的代码，再执行 finally 语句块中的代码，之后再返回。所以，即使在 try 或 catch 语句块中有 return 语句，finally 语句块中的代码仍然会被执行。

在异常处理结构中，finally 语句块不执行的唯一一种情况就是在 catch 语句中出现了 System.exit()，该方法表示关闭 JVM。接下来通过修改数组下标越界的案例来进行验证，具体代码如程序清单 1.9 所示。

```
public class TestEx10 {
    public static void main(String[] args) {
        try {
            String teachers[] = {"柳海龙", "孙传杰", "孙悦"};
            for (int i = 0; i < 4; i++) {
                System.out.println(teachers[i]);
            }
        } catch (Exception e) {
            System.out.println("数组下标越界，请修改程序！");
            //return;                  //仍然执行 finally 语句块
            //System.exit(1);          //直接退出 JVM，不再执行 finally 语句块
        } finally {
            System.out.println("显示完毕！");
        }
    }
}
```

程序清单 1.9

编译并运行该程序，运行结果如图 1.10 所示。

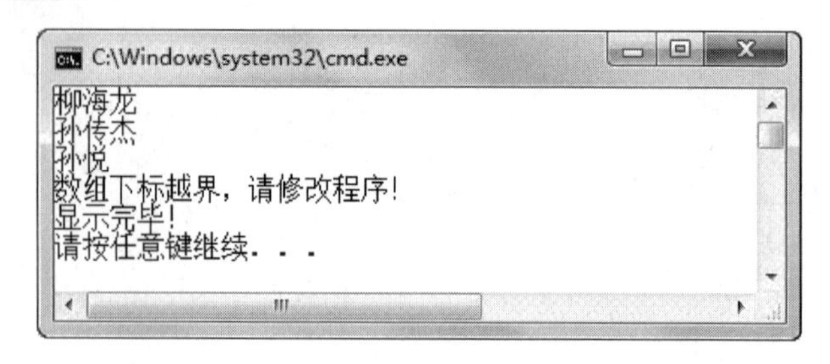

图 1.10　finally 语句块的使用（1）

删除“return;”语句前的“//”，编译并运行该程序，发现 finally 语句块中的代码仍然会被执行，显示出“显示完毕!”的内容，运行结果如图 1.11 所示。

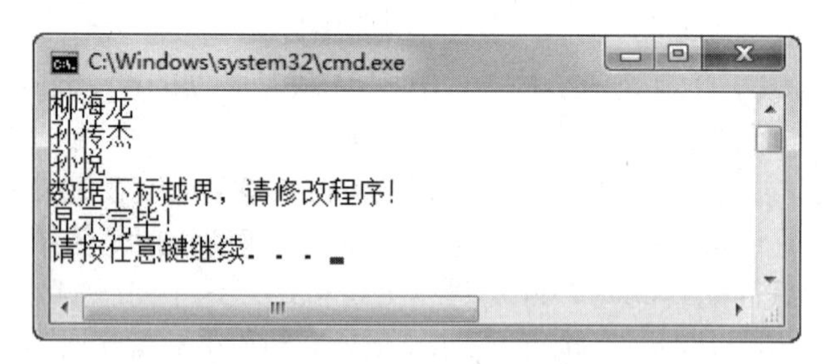

图 1.11　finally 语句块的使用（2）

注释掉“return;”语句，删除“System.exit(1);”语句前的“//”，编译并运行该程序，发现直接退出了 JVM，finally 语句块中的代码不再被执行，运行结果如图 1.12 所示。

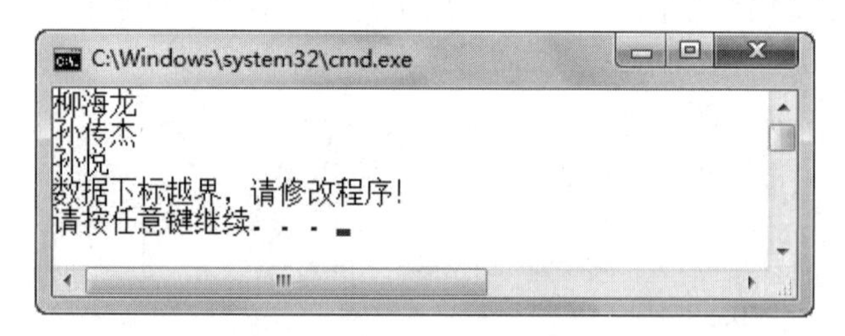

图 1.12　finally 语句块的使用（3）

Java 程序采用了 try…catch…finally 结构对异常进行处理，结构清晰，利于理解。下面总结编写异常处理代码需要注意的地方。

在前面介绍异常捕获时提到过，catch 语句后的异常类型必须与 try 语句块中抛出异常的类型一致，或者是所抛出异常类型的父类，catch 语句块中的代码才会被执行。如果 try 语句块中抛出一个异常，可以被后面的多个 catch 所捕获，程序该如何运行呢？接下来还是通过数组下标越界的案例来理解异常捕获的顺序问题，请看程序清单 1.10。

```
public class TestEx11 {
    public static void main(String[] args) {
        try {
            String teachers[] = {"柳海龙", "孙传杰", "孙悦"};
            for (int i = 0; i < 4; i++) {
                System.out.println(teachers[i]);
```

```
            }
        } catch (RuntimeException e)                     //捕获运行时异常
        {
            System.out.println("发生运行时异常，成功捕获！");
        } catch (ArrayIndexOutOfBoundsException e)       //捕获数组下标越界异常
        {
            System.out.println("发生数组下标越界异常，成功捕获！");
        } catch (Exception e)                            //捕获所有异常
        {
            System.out.println("发生异常，成功捕获！");
        } finally {
            System.out.println("显示完毕！");
        }
    }
}
```

程序清单 1.10

编译上面的程序，编译器报错，显示错误信息如图 1.13 所示。

```
---------- JAVAC ----------
TestEx11.java:13: 已捕捉到异常 java.lang.ArrayIndexOutOfBoundsException
        }catch(ArrayIndexOutOfBoundsException e)//捕获数组下标越界异常
         ^
1 错误

输出完成 (耗时 1 秒) - 正常终止
```

图 1.13　异常捕获顺序（1）

从继承关系上来说，数组下标越界异常 ArrayIndexOutOfBoundsException 是运行时异常 RuntimeException 的子类，而运行时异常 RuntimeException 又是 Exception 异常的子类，在捕获异常的时候，应该按照“从小到大”的顺序捕获异常，这样才能保证逐层捕获。将上面的代码调整为先捕获数组下标越界异常 ArrayIndexOutOfBoundsException；再捕获运行时异常 RuntimeException；为了防止遗漏对某个异常的处理，一般建议在最后用“catch (Exception e)”捕获剩余的异常。编译并运行程序，程序运行结果如图 1.14 所示。

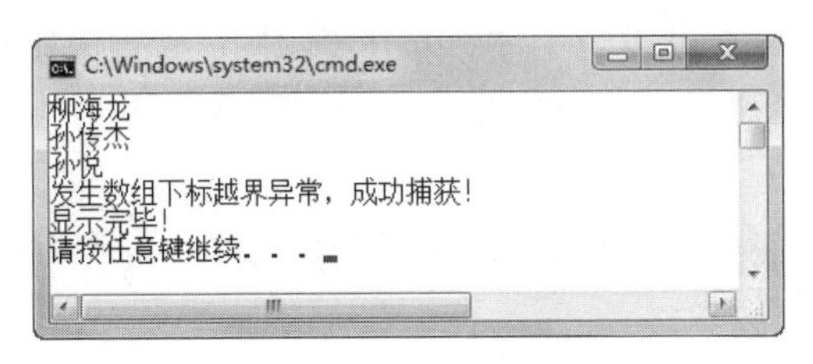

图 1.14　异常捕获顺序（2）

1.3　异常对象与常见异常

1. 异常对象

根据面向对象知识，异常对象就是由如图 1.5 所示的异常类或其子类实例化出来的对象。

在前面编写异常处理代码时，在 catch 语句后，针对捕获的不同类型的异常，都获取了该异常的对象。例如，下面的代码中，对象 e 表示捕获到的数组下标越界异常。

```
try{
    //try 代码块
}catch(ArrayIndexOutOfBoundsException e)//捕获数组下标越界异常
{
    //异常处理代码
}
```

在前面的异常处理代码中，都没有使用这个捕获的异常对象。在实际编程中，常用的异常对象的方法有两个：一个方法是 printStackTrace()，用于输出异常的堆栈信息，其中堆栈信息包括程序运行到当前类的执行流程，显示方法调用序列；另一个方法是 getMessage()，用于返回异常详细信息的字符串。两个方法的具体代码示例如程序清单 1.11 所示。

```
public class TestEx12 {
    public static void main(String[] args) {
        try {
            String teachers[] = {"柳海龙", "孙传杰", "孙悦"};
            for (int i = 0; i < 4; i++) {
                System.out.println(teachers[i]);
            }
        } catch (ArrayIndexOutOfBoundsException e) {
            System.out.println("调用异常对象的 getMessage()方法：");
            System.out.println(e.getMessage());
            System.out.println("调用异常对象的 printStackTrace()方法：");
            e.printStackTrace();
        } finally {
            System.out.println("显示完毕！");
        }
    }
}
```

程序清单 1.11

编译并运行程序，程序捕获数组下标越界异常之后，先输出异常对象的 getMessage()方法的结果，之后再调用异常对象的printStackTrace()方法输出堆栈信息。程序运行结果如图 1.15 所示。

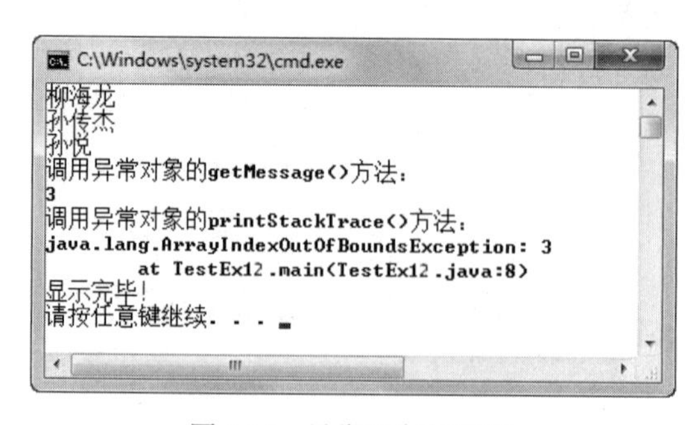

图 1.15　异常对象的使用

图 1.15 中显示的异常信息也可以称为异常日志，其中“java.lang.ArrayIndexOutOfBoundsException：3”表示此次发生的异常类型是“ArrayIndexOutOfBoundsException”，并且是在数组下标为“3”时触发的此次异常；而“at TestEx12.main(TestEx12.java 8)”表示此次发生异常的代码是在 TestEx12 类中的 main()方法里（TestEx12.java 文件中的第 8 行）。

2．常见异常

在今后的编程中，异常处理将会被频繁使用，所以对于读者而言，了解一些常见的异常（即使这些异常目前还不能被完全理解）也是非常有必要的。对前面用到的数组下标越界异常以及算数异常，这里不再赘述。

（1）NullPointerException：空指针异常（程序员经常会遇到），属于运行时异常。简单说，就是调用了未经初始化的对象或者不存在的对象，或者访问或修改 null 对象的属性或方法。例如，对数组操作时出现空指针，很多情况下是程序员把数组的初始化和数组元素的初始化混淆了，如果在数组元素还没有初始化的情况下调用了该数组元素，则会抛出空指针异常。

（2）ClassNotFoundException：顾名思义，该异常为类没能找到的异常。出现这种情况一般有三种原因：一是的确不存在该类；二是开发环境进行了调整，例如，类的目录结构发生了变化，编译、运行路径发生了变化等；三是在修改类名时，没有修改调用该类的其他类，导致类找不到的情况。

（3）IllegalArgumentException：抛出该异常表明向方法传递了一个不合法或不正确的参数。

（4）InputMismatchException：由 Scanner 抛出，表明 Scanner 获取的内容与期望类型的模式不匹配，或者该内容超出期望类型的范围。例如，需要输入的是能转换为 int 型的字符串，结果却输入了 abc，则会抛出这个异常。

（5）IllegalAccessException：当应用程序试图创建一个实例，设置或获取一个属性，或者调用一个方法，但当前正在执行的方法无法访问指定类、属性、方法或构造方法的定义时，抛出该异常。

（6）ClassCastException：当试图将对象强制转换为不是实例的子类时，抛出该异常。

（7）SQLException：提供关于数据库访问错误或其他错误信息的异常。

（8）IOException：当发生某种 I/O 异常时，抛出此异常。此类是失败或中断的 I/O 操作生成的异常的通用类。

1.4　throw 和 throws 关键字

从学习异常处理到现在可以发现，目前所有的异常都是由系统自动抛出的。作为程序员，有时需要手工抛出一个异常，从而主动地介入异常机制。接下来将学习如何使用 throw 关键字手工抛出异常。

1．throw

在 Java 语言中，可以使用 throw 关键字手工抛出一个异常，语法形式如下：

```
throw 异常对象;
```

例如，手工抛出一个算数异常的代码如下：

```
throw new ArithmeticException();
```

观察程序清单 1.12 所示的代码，通过“throw new NullPointerException("the ");”语句，手工抛出了一个空指针异常，指定信息为“the”。catch 语句块对空指针异常进行捕获，输出异常对象“e. getMessage()”的值（“the”），程序运行结果如图 1.16 所示。

```
public class TestEx13 {
    public static void main(String[] args) {
        System.out.print("Now ");
        try {
            System.out.print("is ");
            throw new NullPointerException("the ");          //抛出一个空指针异常，指定信息为“the ”
            //System.out.print("此句不会被执行!");
        } catch (NullPointerException e) {                   //捕获抛出的空指针异常
            System.out.print(e.getMessage());
        }
        System.out.print("time. \n");
    }
}
```

程序清单 1.12

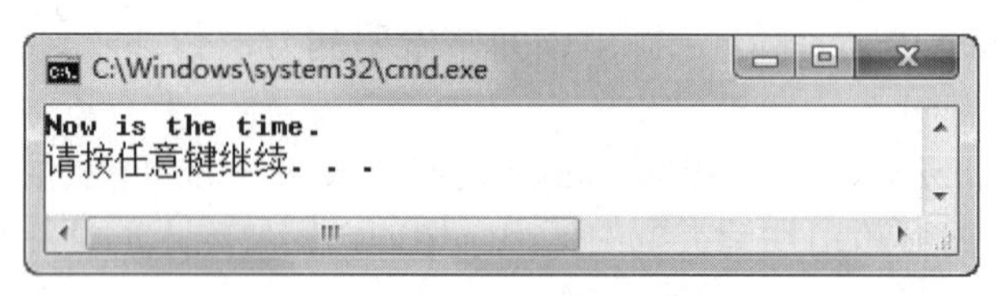

图 1.16　手工抛出异常

当 catch 语句捕获异常对象“e”并处理后，还可以在 catch 语句块中继续使用“throw e;”语句再次将这个异常抛出。这其实就是“各司其职”的思想，一段程序可以根据需求，只处理自己负责的那部分异常，而将其他的需求抛给上一级进一步处理。请看程序清单 1.13 中的示例。

```
import java.net.*;
import java.io.*;
public class TestEx14 {
    public static ServerSocket ss = null;

    public static void doEx1() {
        try {
            ss = new ServerSocket(5678);
            Socket socket = ss.accept();
        } catch (IOException e) {              //捕获 IOException 异常，此异常是检查异常
            System.out.println("doEx1 方法中处理 IOException 异常！ ");
            throw e;                           //再次抛出该 IOException 异常
        }
    }
```

```
    public static void main(String[] args) {
        try {
            doEx1();
        } catch (IOException e)                    //再次捕获 IOException 异常
        {
            System.out.println("main 方法中处理 IOException 异常！");
        } finally {
            System.out.println("程序结束！");
        }
    }
}
```

程序清单 1.13

程序中的 doEx1()捕获了一个 IOException 类型的异常，并在简单处理后又将此异常通过 throw 关键字主动抛了出去，试图再将此异常交给调用处 main()方法进行第二次处理。但是在编译此程序时，编译器会报错，如图 1.17 所示。

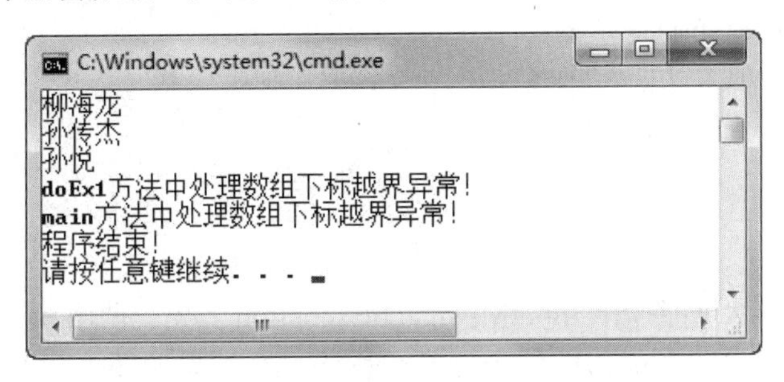

图 1.17　检查异常抛出不捕获

仔细查看错误原因，提示“throw e;”语句在抛出一个检查异常的时候，必须对其进行捕获或声明以便抛出。而程序清单 1.13 所示代码的目的就是让 doEx1() 对异常进行第一次处理后，再次抛出该异常。该如何修改这个错误呢？答案是使用接下来介绍的关键字——throws。

2．throws

throws 关键字用于声明一个方法会抛出异常，就是当方法本身不知道或者不愿意处理某个可能抛出的异常时，可以选择用 throws 关键字将该异常提交给调用该方法的方法进行处理。声明方法抛出异常很简单，只需要在方法的参数列表之后，在方法体的大括号前，增加“throws 异常列表”即可。

修改程序清单 1.13 所示的代码，在“doEx1();”后增加“throws IOException”，声明 doEx1() 方法可能抛出 IOException 异常；之后因为在 main()方法中已有对 IOException 异常的捕获和处理代码，所以程序就可以编译通过了。

在此可使用声明方法抛出异常的方式，处理“现在给孩子们分苹果”的程序中孩子数输入不能转换为数字的字符时的问题，具体代码如程序清单 1.14 所示。

```
import java.util.InputMismatchException;
import java.util.Scanner;

public class TestEx16 {
    //抛出 InputMismatchException 异常，自己不处理，让方法的直接调用者来处理
```

```
    private static void p() throws InputMismatchException {
        int appleNum = 0;                //苹果数
        int stuNum = 0;                  //学生数
        System.out.println("***现在给孩子们分苹果***");
        Scanner input = new Scanner(System.in);
        System.out.print("请输入桌子上有几个苹果：");
        appleNum = input.nextInt();
        System.out.print("请输入班上有几个孩子：");
        stuNum = input.nextInt();        //用户输入 abc，则系统会抛出 InputMismatchException 异常
        System.out.println("班上每个孩子分得多少苹果：" + appleNum / stuNum);
        System.out.println("孩子们非常开心！");
    }

    public static void main(String args[]) {
        try {
            p();                         //方法的直接调用者捕获、处理异常
        } catch (InputMismatchException e) {
            System.out.println("main 方法处理 InputMismatchException 异常");
        }
    }
}
```

程序清单 1.14

p()方法声明该方法可能抛出 InputMismatchException 异常，调用 p()方法的 main()方法处理了 p()方法中不处理并声明抛出的这个异常。程序运行结果如图 1.18 所示。

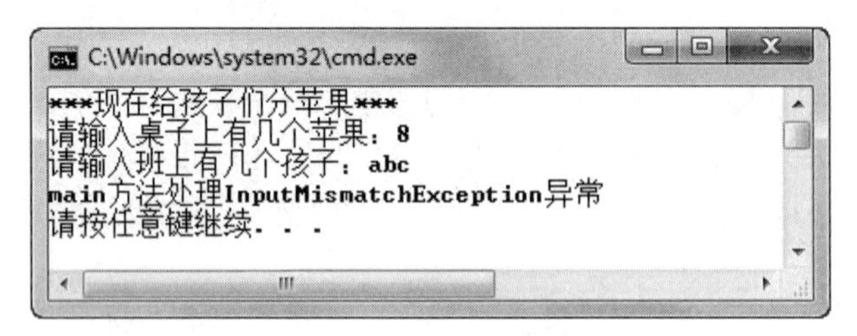

图 1.18　声明方法抛出异常

1.5　自定义异常类

自定义异常，顾名思义，就是程序员自己定义的异常。当 Java 类库中的异常不能满足程序需求时，程序员可以自己定义并使用异常。下面结合一个实际的例子，介绍如何定义并使用自定义异常。

语法上，自定义异常可以任意地继承一个异常类。但 Exception 类是 Java 中常用异常类的父类，所以在定义自定义异常类时，通常继承自该类。现在定义一个自定义异常类 AgeException，它有一个构造函数和一个 toString()方法，具体代码如程序清单 1.15 所示。

```
//自定义异常类，处理年龄大于 120 或小于 0 的 Person
class AgeException extends Exception {
    private String message;

    public AgeException(int age)              //自定义异常类构造方法
    {
        message = "年龄设置为：" + age + "不合理!";
    }

    public String toString()                  //自定义异常类 toString()方法
    {
        return message;
    }
}
```

程序清单 1.15

再通过 Person 类和 TestEx18 这两个类，来使用这个自定义异常类。具体代码如程序清单 1.16 所示（其中注释简要说明了重要步骤的含义）。

```
class Person {
    private int age;

    //声明 setAge(int age)方法可能抛出 AgeException 自定义异常
    public void setAge(int age) throws AgeException {
        if (age <= 0 || age >= 120) {
            throw new AgeException(age);//抛出 AgeException 自定义异常
        } else {
            this.age = age;
        }
    }

    public int getAge() {
        return age;
    }
}

public class TestEx18 {
    public static void main(String[] args) {
        Person p1 = new Person();
        Person p2 = new Person();
        try {
            p1.setAge(150);               //会抛出 AgeException 自定义异常
            System.out.println("正确输出年龄为：" + p1.getAge());
        } catch (AgeException e) {        //进行异常捕获处理
            System.out.println(e.toString());
        }
        try {
```

```
                p2.setAge(60);                    //不会抛出 AgeException 自定义异常
                System.out.println("正确输出年龄为：" + p2.getAge());
            } catch (AgeException e1) {
                System.out.println(e1.toString());
            }
        }
    }
```

程序清单 1.16

程序运行结果如图 1.19 所示。

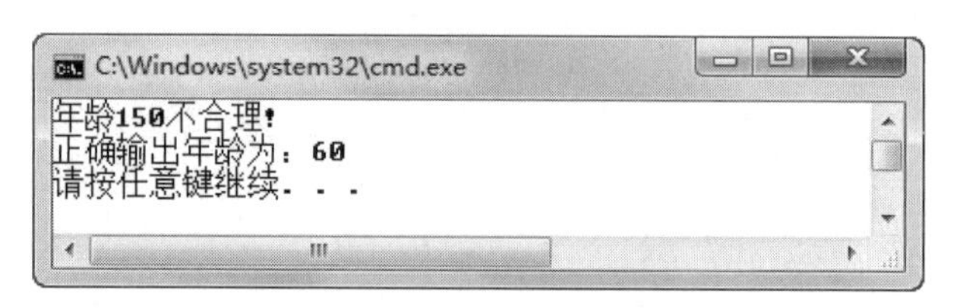

图 1.19　自定义异常类使用

通过本案例可知，自定义异常首先需要继承一个异常类，之后对自定义异常类的使用就和使用 JDK 内置异常类非常类似了。只不过由于自定义异常只在某种自定义的特殊情况下才发生，因此一般的使用方式就是"if(自定义的特殊情况)　throw 自定义异常对象;"。

1.6　本 章 小 结

本章讲解的是异常处理机制，用于处理程序中可能发生的异常，主要涉及了以下知识点。

（1）异常处理机制可以将程序中的业务代码和异常代码相分离，从而使得开发者可以更加专注于编写业务代码，并使程序更加优雅。

（2）异常的继承结构：异常的顶层基类是 Throwable；继承自 RuntimeException 的类称为运行时异常，否则称为检查异常。

（3）运行时异常在编译阶段没有提示，只是在运行时存在异常才抛出；而检查异常是在编译时就提示开发者必须处理的异常。

（4）在异常可能发生的地方，通常有两种预防性处理策略：如果开发者认为此时出现的异常最好立即进行处理，那么就可以采用"try…catch…"的方式；反之，如果开发者认为此时出现的异常暂时可以不进行处理，就可以通过 throws 关键字将异常抛出并由上一级去处理。

（5）异常对象常用方法有两个：一个方法是 printStackTrace()，用于输出异常的堆栈信息；另一个方法是 getMessage()，用于返回异常详细信息字符串。

（6）异常的 5 个关键字：try 中编写可能存在异常的代码；catch 用于捕获异常并书写异常处理代码；finally 中的代码无论是否出现异常都会被执行（此前有 System.exit()的除外）；throws 用于声明方法可能会抛出的异常；而 throw 表示手工抛出异常即制造异常并抛出。

（7）自定义异常：如果 JDK 中已有的异常不能满足开发需求，就需要开发者自定义异常。自定义异常需要继承 JDK 中已有的异常，并且通常会结合 if 语句一起使用。

（8）常见的异常类型有 NullPointerException、ClassNotFoundException、IllegalArgument Exception、InputMismatchException、IllegalAccessException、ClassCastException、SQLException

和 IOException 等，并且随着学习的深入，大家也会接触更多类型的异常。

1.7 本章练习

单选题

（1）下列选项中，（　　）异常表示向方法传递了一个不合法或不正确的参数。

A．IllegalAccessException　　B．IllegalArgumentException

C．ClassCastException　　D．InputMismatchException

（2）以下哪一项是检查异常？（　　）

A．IndexOutOfBoundsException　　B．NullPointerException

C．ClassCastException　　D．IOException

（3）下列关于异常的描述中，哪一项是错误的？（　　）

A．异常的基类是 Exception。

B．程序员通常不用处理 Error 类型的异常。

C．在使用 catch 捕获异常时，需要先捕获小范围异常，再捕获大范围异常。

D．对于可能发生的异常，可以使用 throws 来声明以提示调用者进行处理，或者使用 catch 捕获并建立异常处理的逻辑。

（4）关于异常的含义，下列描述中正确的一项是（　　）。

A．程序编译错误。

B．程序语法错误。

C．程序自定义的异常事件。

D．合理的异常处理可以分离程序中的正常逻辑代码和异常处理逻辑代码，便于代码的阅读和维护。

（5）下列关于异常的描述中，哪一项是错误的？（　　）

A．异常可以用 try{…}catch(Exception　e){…}来捕获并进行处理。

B．异常的基类为 Throwable，所有异常都必须直接或者间接继承它。

C．如果某异常类继承自 RuntimeException，则该异常可以不显式地使用“try…catch…”或 throws 进行处理。

D．所有的异常，在语法上都必须用 throws 或者 try{…}catch{…}进行处理。

第 2 章 集合和泛型

本章简介

数组可以存储多个数据类型相同的元素，但面对频繁增加、删除、修改元素的要求以及动态扩容要求时显得捉襟见肘。为此，JDK 提供了一套“集合”框架，这套框架是对常见数据结构的实现，不仅可存储数据，还提供了丰富的访问和处理数据的操作。在面向对象思想里，数据结构也被认为是一个容器，所以集合、容器等词汇经常被交替使用。

Java 集合框架支持两种类型的容器：一种是为了存储一个元素集合，简称集合（Collection）；另一种是为了存储“键-值对”，称为映射（Map，或称为图）。本章将围绕集合的顶层接口 Collection 和映射的顶层接口 Map 来展开，还会介绍自动拆箱、自动装箱和泛型等 JDK 1.5 中提供的重要特性。

2.1 集合框架

2.1.1 集合与数组

在本系列的《Java 程序设计基础教程》的第 8 章介绍面向对象时，我们使用了“租车系统”示例，如果想存放多个轿车的数据，该如何实现呢？以现有的知识储备，使用数组解决这个问题是最合理的方式。但是使用数组存放“租车系统”中多个轿车的信息，也会存在很多问题。

首先，Java 语言中的数组长度是固定的，一旦创建出指定长度的数组以后，就给内存分配了相应的存储空间。但数组的长度应该设置为多少合适呢？如果数组长度设置小了，不能满足程序需求，并且容易造成数组越界等异常的发生；如果数组长度设置大了，又会造成内存空间浪费。

其次，如果使用长度为 20 的轿车对象数组来存放轿车的信息，但是实际上只存放了 8 辆轿车的信息，不但会造成内存空间的浪费，也无法通过数组对象直接地获取存放轿车的真实数量。因为数组提供的 length 属性是获取数组的长度，而不是数组中实际存放有用信息的个数。

最后，数组元素在内存空间中是连续存放的，如果在数组中删除一个元素，为了保持数组内数据元素的连续性，被删除元素之后的数组元素全部要前移一位，但这种元素的移动是比较消耗系统资源的。

通过上面的分析可以看出，使用数组虽然可以实现“租车系统”中的部分功能，但也存在诸多的麻烦。为了解决这个问题，Java 语言提供了集合这种类型。集合是一种逻辑结构，提供了若干的实用方法，方便使用者对一组数据进行操作。针对不同的需求，Java 也提供了不同的集合。

2.1.2 Collection 家族

前面提到，集合可以分为 Collection 和 Map 两类，现在开始学习 Collection。Collection 是一个顶层接口，一些 Collection 接口的实现类允许有重复的元素，而另一些则不允许；一些 Collection 是有序的，而另一些则是无序的。

JDK 不提供 Collection 接口的任何直接实现类，而是提供了更具体的子接口，如 Set 接口和 List 接口。这些子接口继承 Collection 接口的方法，然后再对 Collection 接口从不同角度进行重写或扩充。Collection 接口框架如图 2.1 所示。

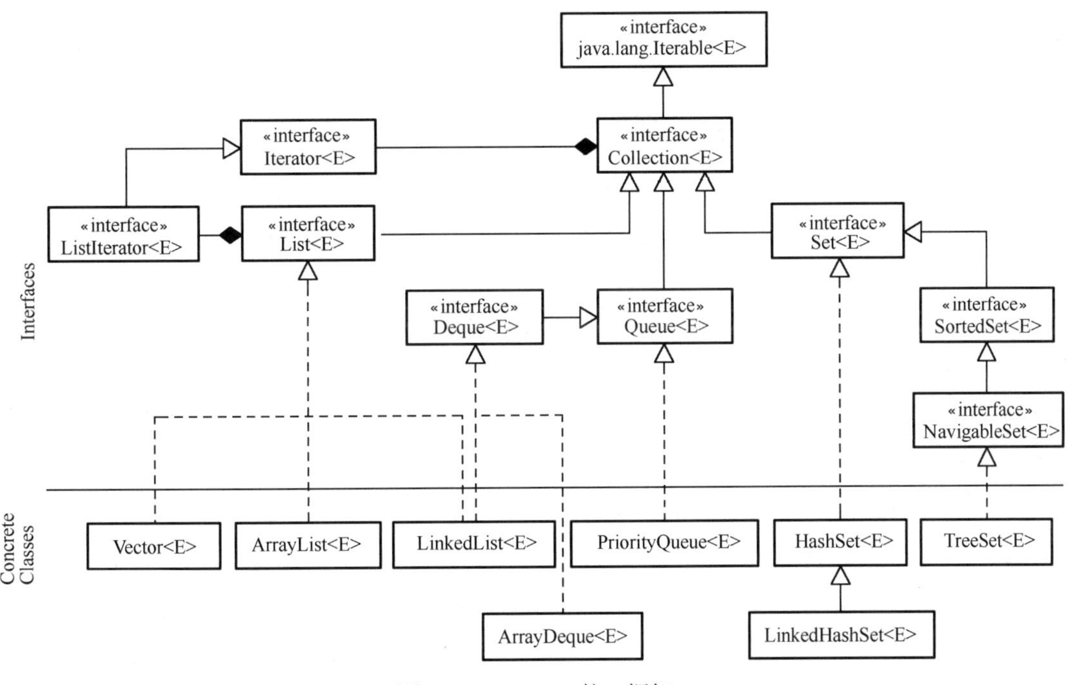

图 2.1 Collection 接口框架

从图 2.1 可以看出，Collection 接口主要有 3 个子接口，分别是 Set 接口、List 接口和 Queue 接口。以下简要介绍这 3 个接口。

（1）Set 接口：Set 实例用于存储一组不重复且无序的元素。

（2）List 接口：List 实例是一个有序集合。程序员可对 List 中每个元素的位置进行精确控制，可以根据索引来访问元素。此外，List 中的元素是可以重复的。

（3）Queue 接口：Queue 中的元素遵循先进先出的规则，是对数据结构“队列”的实现。

2.1.3 Map 家族

Map 接口定义了存储和操作一组“键（key）-值（value）”映射对的方法。

Map 接口和 Collection 接口的本质区别在于，Collection 接口里存放的是一系列单值对象，

而 Map 接口里存放的是一系列“key-value 对”对象。Map 中的 key 不能重复，每个 key 最多只能映射到一个 value。Map 接口框架如图 2.2 所示。

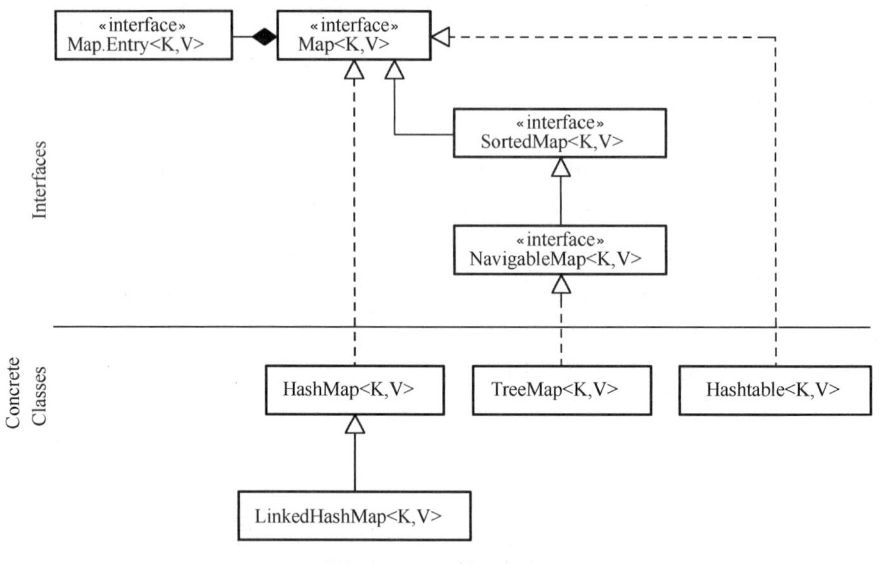

图 2.2　Map 接口框架

从图 2.2 可以看出，HashMap 和 Hashtable 是 Map 接口的实现类。

2.2　Set 接口

前面我们对单值集合的顶层接口 Collection 和“key-value 对”集合的顶层接口 Map 做了简要的介绍，接下来会逐步介绍它们的一些重要实现类。

2.2.1　Set 简介

Set 是 Collection 的子接口。Set 中的元素是不能重复的、无序的。这里的“无序”，是指向 Set 中输入的元素与从 Set 中输出的元素的顺序是不一致的。例如，向 Set 中依次增加“北京”、“深圳”和“西安”三个元素，但输出顺序却是“西安”、“北京”和“深圳”。对于开发者而言，只需要了解这一“无序”的特性即可，不必深究其原因。

以下列出了 Set 接口继承自 Collection 接口的主要方法：

（1）boolean add(Object obj)：向集合中添加一个 obj 元素，并且 obj 不能和集合中现有数据元素重复，添加成功后返回 true。如果添加的是重复元素，则添加操作无效并返回 false。

（2）void clear()：移除此集合中的所有数据元素，即将集合清空。

（3）boolean contains(Object obj)：判断此集合中是否包含 obj，如果包含则返回 true。

（4）boolean isEmpty()：判断集合是否为空，为空则返回 true。

（5）Iterator iterator()：返回一个 Iterator 对象，可用它来遍历集合中的数据元素。

（6）boolean remove(Object obj)：如果此集合中包含 obj，则将其删除并返回 true。

（7）int size()：返回集合中真实存放数据元素的个数，注意其与数组、字符串获取长度的方法的区别。

（8）Object[] toArray()：返回一个数组，该数组包含集合中的所有数据元素。

2.2.2　HashSet 的使用

Set 接口主要有两个实现类：HashSet 和 TreeSet。接下来通过一个案例来说明 HashSet 类的使用，详见程序清单 2.1，注意其中的注释。

```
import java.util.* ;

public class TestSet {
    public static void main(String[] args) {
        //创建一个 HashSet 对象，存放学生姓名信息
        Set nameSet = new HashSet();
        nameSet.add("王云");
        nameSet.add("刘静涛");
        nameSet.add("南天华");
        nameSet.add("雷静");
        nameSet.add("王云");              //增加已有的数据元素
        System.out.println("再次添加王云是否成功：" + nameSet.add("王云"));
        System.out.println("显示集合内容：" + nameSet);
        System.out.println("集合里是否包含南天华：" + nameSet.contains("南天华"));
        System.out.println("从集合中删除\"南天华\"...");
        nameSet.remove("南天华");
        System.out.println("集合里是否包含南天华：" + nameSet.contains("南天华"));
        System.out.println("集合中的元素个数为：" + nameSet.size());
    }
}
```

程序清单 2.1

编译并运行程序，程序运行结果如图 2.3 所示。从运行结果可以看出，当向集合中增加一个已有的数据元素时，不会添加成功。并且，可以通过 add()方法的返回值判断是否添加成功。

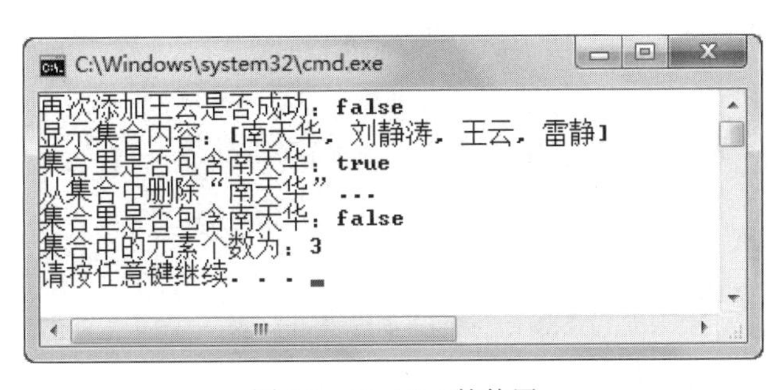

图 2.3　HashSet 的使用

请思考一个问题：HashSet 是如何判断元素重复的？如果逐个比较 HashSet 中的全部元素，显然是一种效率低下的做法。因此，HashSet 的底层引入了 hashcode。

hashcode 最初定义在 Object 类中，如果两个对象相等，那么这两个对象的 hashcode 值相同，因此，根据逆否定理可知，如果两个对象的 hashcode 值不同，那么这两个对象不相等；反之，如果两个对象的 hashcode 值相同，则这两个对象可能相等，也可能不相等，需要再通

过 equals()进一步比较这两个对象的内容是否相同。

当向 HashSet 中增加元素时，HashSet 会先计算此元素的 hashcode，如果 hashcode 值与 HashSet 集合中的其他元素的 hashcode 都不相同，那么就能断定此元素是唯一的。否则，如果 hashcode 值与 HashSet 集合中的某个元素的 hashcode 相同，HashSet 就会继续调用 euqals()方法进一步判断它们的内容是否相同，若相同就忽略这个新增的元素，若不同就把它增加到 HashSet 中。因此，在实际开发中，当使用 HashSet 存放某个自定义对象时，就得先在这个对象的定义类中重写 hashCode()和 equals()方法。

hashcode 是对象的映射地址，而 equals()用于比较两个对象。因此，在重写时，hashcode()需要自定义"映射地址"的映射规则，equals()方法需要自定义对象的"比较"规则。一般而言，映射规则和比较规则都需要借助对象的所有属性进行计算。程序清单 2.2 就是重写 hashCode()和 equals()方法的一个示例，请仔细阅读其中的注释。

```
public class Vehicle {

    private String name;
    private int oil;

    public Vehicle() {
    }
    public Vehicle(String name, int oil) {
        this.name = name;
        this.oil = oil;
    }
   // 省略 setter 和 getter 方法

    @Override
    public boolean equals(Object obj) {
        // 如果当前对象和 obj 的内存地址相同，则二者必然指向同一个对象，因此返回 true
        if (this == obj) {
            return true;
        }

        // 如果当前对象和 obj 的所有属性(此处为 name 和 oil)都相同，也认为二者的比较结果为 true
        if (obj instanceof Vehicle) {
            Vehicle vehicle = (Vehicle) obj;
            //用传入的 obj 和当前对象 this 进行比较
            if (this.name.equals(vehicle.getName()) && this.oil == vehicle.getOil()) {
                return true;
            }
        }
        return false;
    }

    // 用对象的所有属性值作为 hashcode 的计算因子
    @Override
```

```
    public int hashCode() {
        int result = 0;
        result = result * 31 + name.hashCode();
        result = result * 31 + oil;
        return result;
    }
}
```

程序清单 2.2

笔者在重写 hashCode()方法时，其中的“result=0”及常量 31 的设置参考了 JDK 中 String 的 hashCode()的源码，代码如下所示：

```
public final class String
    implements java.io.Serializable, Comparable<String>, CharSequence {
    …
    private int hash; // Default to 0
    …
    // String 类对 hashCode()的重写
    public int hashCode() {
        int h = hash;
        if (h == 0 && value.length > 0) {
            char val[] = value;
            for (int i = 0; i < value.length; i++) {
                h = 31 * h + val[i];
            }
            hash = h;
        }
        return h;
    }
}
```

实际上，如何在 hashCode()中设计计算公式是一个数学问题，我们不必深究。计算公式的目的是为了“尽可能地避免不同对象计算出的 hash 值相同”，普通开发者通常只需在 hashCode()中使用全部的属性值进行计算即可。例如，也可以将程序清单 2.2 中的 hashCode()重写为以下的简易形式：

```
@Override
public int hashCode() {
    return name.hashCode() & oil;
}
```

下面向 HashSet 中增加多个 Vehicle 对象，详见程序清单 2.3。

```
public class TestVehicle {
    public static void main(String[] args) {
        Set set = new HashSet();
        System.out.println(set.add(new Vehicle("a", 70)));
        System.out.println(set.add(new Vehicle("b", 80)));
```

```
            System.out.println(set.add(new Vehicle("a", 70)));
        }
}
```

程序清单 2.3

编译并运行程序，运行结果分别是 true、true 和 false。这是因为，第一个“new Vehicle("a", 70)”对象和第二个“new Vehicle("b", 80)”对象是不同的对象，它们的内存地址、属性值都不同，因此二者在第一次加入 HashSet 时都会增加成功；之后，如果再次向 HashSet 中增加“new Vehicle("a", 70)”对象，因为该对象与第一个“new Vehicle("a", 70)”对象的 hashCode()和 equals()的运算结果都相同，会被 HashSet 判定为重复的对象，因此这次增加的返回值是 false。

最后思考一个问题：我们知道，hashCode()和 equals()两个方法最初都是在 Object 类中定义的，能否直接继承并使用这两个方法呢？Object 类的部分源码如下所示：

```
public class Object {
    ...
    public native int hashCode();
    ...
    public boolean equals(Object obj) {
        return (this == obj);
    }
    ...
}
```

可见，Object 中定义的 equals()方法默认比较的是对象的内存地址；hashCode()方法的前面有 native 修饰符，表示会通过操作系统底层提供的算法来计算 hash 值。显然，这两个方法的默认实现与我们“关注对象内容”的侧重点不一致，因此需要重写。例如程序清单 2.2 和程序清单 2.3，在比较两个 Vehicle 对象是否相同，或者在设计 hash 算法的公式时，我们关注的是这两个对象的内容是否相同（即所有属性值是否相同）。

2.2.3 TreeSet 的使用

TreeSet 类在实现了 Set 接口的同时，也实现了 SortedSet 接口（参见图 2.1），是一个具有排序功能的 Set 接口类。本小节将介绍 TreeSet 类的使用，同时也会涉及 Java 如何实现对象间的排序功能。

TreeSet 集合中的元素默认是按照自然升序排列的，并且 TreeSet 集合中的对象需要实现 Comparable 接口。Comparable 接口用于比较集合中各个元素的大小，常用于排序操作。

接下来看一段非常简单的程序，详见程序清单 2.4。编译并运行，其运行结果如图 2.4 所示。

```
public class TestTreeSet {
    public static void main(String[] args) {
        Set ts = new TreeSet();
        ts.add("王云");
        ts.add("刘静涛");
        ts.add("南天华");
```

```
        System.out.println(ts);
    }
}
```

程序清单 2.4

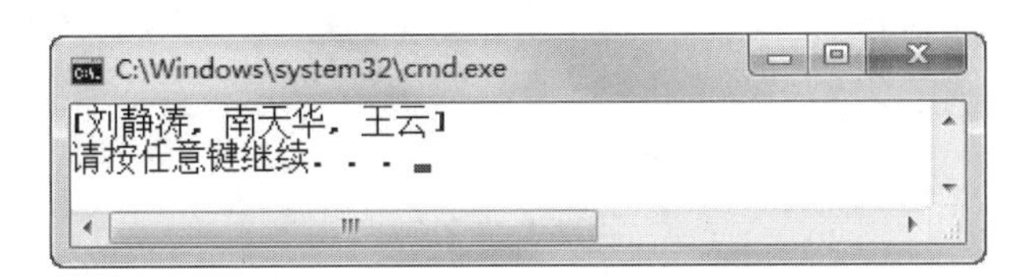

图 2.4　TreeSet 的使用

从运行结果可以看出，TreeSet 集合 ts 里面的元素不是毫无规律地排序，而是按照自然升序（这里是指“字典”里的顺序）进行了排序。这是因为 TreeSet 集合中的元素是 String 类的，而 String 类实现了 Comparable 接口。但如果 TreeSet 中的元素不是 String 类，如何进行排序呢？在接下来的 2.2.4 小节就为大家进行说明。

2.2.4　比较器

JDK 提供了 Comparable 和 Comparator 两个接口，都可用于定义集合元素的排序规则。

1．Comparable 接口

如果程序员想定义自己的排序方式，一种简单的方法就是让加入 TreeSet 集合中的对象所属的类实现 Comparable 接口，通过实现 compareTo(Object o)方法，达到排序的目的。

假设有这样的需求，学生对象有两个属性，分别是学号和姓名。希望将这些学生对象加入 TreeSet 集合后，按照学号大小从小到大进行排序，如果学号相同再按照姓名自然排序。来看学生类的代码（实现 Comparable 接口），详见程序清单 2.5。

```
class Student implements Comparable {
    int stuNum = -1;                    //学生学号
    String stuName = "";                //学生姓名

    Student(String name, int num) {
        this.stuNum = num;
        this.stuName = name;
    }

    //返回该对象的字符串表示，利于输出
    public String toString() {
        return "学号为：" + stuNum + "的学生，姓名为：" + stuName;
    }

    //实现 Comparable 的 compareTo 方法
    public int compareTo(Object o) {
        Student input = (Student) o;
        //此学生对象的学号和指定学生对象的学号比较
        //此学生对象学号若大则 res 为 1，若小则 res 为-1，相同则 res 为 0
```

```
            int res = stuNum > input.stuNum ? 1 : (stuNum == input.stuNum ? 0 : -1);
            //若学号相同，则按照 String 类自然排序比较学生姓名
            if (res == 0) {
                res = stuName.compareTo(input.stuName);
            }
            return res;
        }
}
```

程序清单 2.5

其中，int compareTo(Object o)方法是用当前对象和指定对象进行比较的，如果当前对象小于、等于或大于指定对象，则分别返回负整数、零或正整数。编写测试程序，具体代码如程序清单 2.6 所示。

```
public class TestTreeSet2 {
    public static void main(String[] args) {
        //用有序的 TreeSet 存储学生对象
        Set stuTS = new TreeSet();
        stuTS.add(new Student("王云", 1));
        stuTS.add(new Student("南天华", 3));
        stuTS.add(new Student("刘静涛", 2));
        stuTS.add(new Student("张平", 3));
        //循环输出
        for(Object stu:stuTS)
            System.out.println(stu);
        }
    }
}
```

程序清单 2.6

程序运行结果如图 2.5 所示。

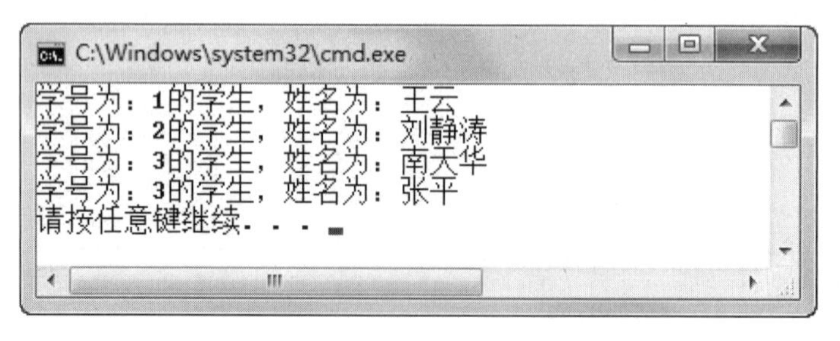

图 2.5　Comparable 接口的使用

Comparable 接口实现了在 TreeSet 集合中的自定义排序。这种方法是通过集合元素重写 compareTo(Object o)方法定义排序规则的。因为是在类内部实现比较，所以也通常将 Comparable 称为内部比较器。

2. Comparator 接口

既然将 Comparable 称为内部比较器，那么自然就会想到应该有外部比较器，Comparator

就是外部比较器。

Comparator 可以理解为一个专用的比较器，当集合中的对象不支持自比较或者自比较的功能不能满足程序员的需求时，就可以写一个实现 Comparator 接口的比较器来完成两个对象之间的比较，从而实现按比较器规则进行排序的功能。例如，要比较的对象是 JDK 中内置的某个类，而这个类又没有实现 Comparable 接口，因此我们是无法直接修改 JDK 内置类的源码的，也就不能通过重写 compareTo(Object o)方法来定义排序规则了，而应该使用 Comparator 接口实现比较器功能。

接下来，在外部定义一个姓名比较器和一个学号比较器，然后在使用 Collections 工具类的 sort(List list,Comparator c)方法时选择使用其中一种外部比较器，对集合里的学生信息按姓名、学号分别排序输出。具体代码如程序清单 2.7 所示。

```
import java.util.*;
//定义一个姓名比较器
class NameComparator implements Comparator {
    //实现 Comparator 接口的 compare()方法
    public int compare(Object op1, Object op2) {
        Student eOp1 = (Student)op1;
        Student eOp2 = (Student)op2;
        //通过调用 String 类的 compareTo()方法进行比较
        return eOp1.stuName.compareTo(eOp2.stuName);
    }
}
//定义一个学号比较器
class NumComparator implements Comparator {
    //实现 Comparator 接口的 compare()方法
    public int compare(Object op1, Object op2) {
        Student eOp1 = (Student)op1;
        Student eOp2 = (Student)op2;
        return eOp1.stuNum - eOp2.stuNum;
    }
}
public class TestComparator
{
    public static void main(String[] args)
    {
        //用 LinkedList 存储学生对象
        LinkedList stuLL = new LinkedList();
        stuLL.add(new Student("王云",1));
        stuLL.add(new Student("南天华",3));
        stuLL.add(new Student("刘静涛",2));
        //使用 sort 方法，按姓名比较器进行排序
        Collections.sort(stuLL,new NameComparator());
        System.out.println("***按学生姓名顺序输出学生信息***");
        Iterator it = stuLL.iterator();
        while (it.hasNext()) {
            System.out.println(it.next());
```

```
            }
            //使用 sort 方法，按学号比较器进行排序
            Collections.sort(stuLL,new NumComparator());
            System.out.println("***按学生学号顺序输出学生信息***");
            it = stuLL.iterator();
            while (it.hasNext()) {
                System.out.println(it.next());
            }
        }
    }
    //定义学生对象，未实现 Comparable 接口
    class Student{
        int stuNum = -1;
        String stuName = "";
        Student(String name, int num) {
            this.stuNum = num;
            this.stuName = name;
        }
        public String toString() {
            return "学号为：" + stuNum + "的学生，姓名为：" + stuName;
        }
    }
```

程序清单 2.7

程序运行结果如图 2.6 所示。

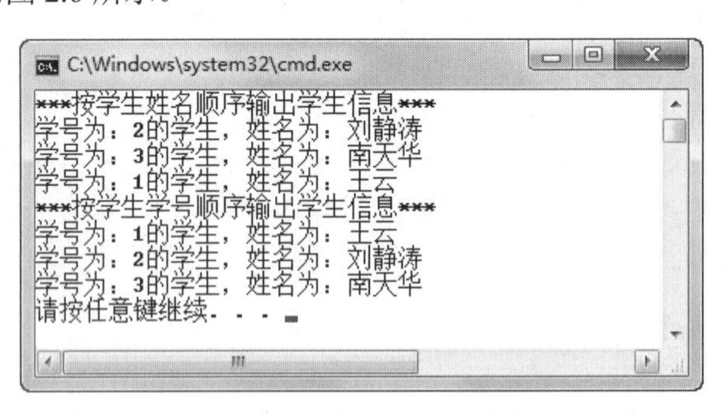

图 2.6　Comparator 比较器的使用

程序中是通过迭代器 Iterator 实现对集合元素的遍历的，关于 Iterator 的知识会在下一节中进行介绍。当然，大家也可以使用增强 for 循环的形式遍历。

2.3　Iterator 迭代器

2.3.1　Iterator 接口

前面学习的 Collection 接口、Set 接口和 List 接口，它们的实现类都没有提供遍历集合元素的方法。Iterator 为遍历集合而生，是 Java 语言解决集合遍历的一个工具。iterator()方法定

义在 Collection 接口中，因此，所有单值集合的实现类都可以通过 iterator()实现遍历。iterator()的返回值是 Iterator 对象，通过 Iterator 接口的 hasNext()和 next()方法即可实现对集合元素的遍历。以下列举了 Iterator 接口的 3 个方法：

（1）boolean hasNext()：判断是否存在下一个可访问的数据元素。

（2）Object next()：返回要访问的下一个数据元素，通常和 hasNext()一起使用。

（3）void remove()：从迭代器指向的 Collection 集合中移除迭代器返回的上一个数据元素。

2.3.2　Iterator 的使用

接下来通过“租车系统”讲解集合中 Iterator 的使用。

假设“租车系统”有如下的需求调整：

（1）系统里可以有若干辆轿车和卡车供用户租用。

（2）系统管理员可以遍历这个系统里所有的车辆。

（3）遍历时是轿车，则显示轿车品牌；是卡车，则显示卡车吨位。同时，完整显示车辆信息。

根据需求编写代码，如程序清单 2.8 所示。

```
import java.util.*;
import com.bd.zuche.*;
class TestZuChe2 {
    public static void main(String[] args) {
        //创建 HashSet 集合，用于存放车辆
        Set vehSet = new HashSet();
        //创建两个轿车对象、两个卡车对象，并加入 HashSet 集合中
        Vehicle c1 = new Car("战神", "长城");
        Vehicle c2 = new Car("跑得快", "红旗");
        Vehicle t1 = new Truck("大力士", "5 吨");
        Vehicle t2 = new Truck("大力士二代", "10 吨");
        vehSet.add(c1);
        vehSet.add(c2);
        vehSet.add(t1);
        vehSet.add(t2);
        //使用迭代器循环输出
        Iterator it = vehSet.iterator();
        while (it.hasNext()) {
            System.out.println("***显示集合中元素信息***");
            Object obj = it.next();
            if (obj instanceof Car) {
                Car car = (Car) obj;
                //调用 Car 类的特有方法 getBrand()
                System.out.println("该车是轿车，其品牌为：" + car.getBrand());
            } else {
                Truck truck = (Truck) obj;
                //调用 Truck 类的特有方法 getLoad()
                System.out.println("该车是卡车，其吨位为：" + truck.getLoad());
            }
```

```
                String name = ((Vehicle) obj).getName();
                System.out.println(name);
            }
        }
    }
```

程序清单 2.8

在上述代码中，通过 Iterator 接口的 hasNext()方法判断集合中是否还有对象元素，再通过该接口的 next()方法获取这个对象元素。然后通过 instanceof 运算符，判断这个对象元素是轿车还是卡车，并显示轿车品牌或卡车吨位，最后通过 getName()方法显示车名。

编译并运行上述代码，程序运行结果如图 2.7 所示。

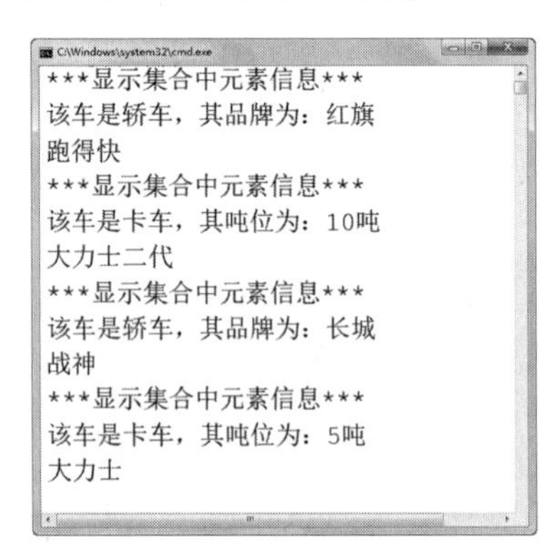

图 2.7　Iterator 迭代器的使用

2.4　List 接口

List 接口是 Collection 接口的子接口，List 集合中的元素是有序的，而且可以重复。List 集合中的数据元素都对应一个整数形式的序号索引，记录其在集合中的位置，可以根据此序号存取元素。JDK 中常用的 List 实现类是 ArrayList 和 LinkedList。

2.4.1　List 简介

List 接口继承自 Collection 接口，除拥有 Collection 接口所拥有的方法，还拥有下列方法：

（1）void add(int index,Object o)：在集合的指定 index 位置处插入指定的 o 元素。

（2）Object get(int index)：返回集合中 index 位置的数据元素。

（3）int indexOf(Object o)：返回此集合中第一次出现的指定 o 元素的索引，如果此集合不包含 o 元素，则返回-1。

（4）int lastIndexOf(Object o)：返回此集合中最后出现的指定 o 元素的索引，如果此集合不包含 o 元素，则返回-1。

（5）Object remove(int index)：移除集合中 index 位置的数据元素。

（6）Object set(int index,Object o)：用指定的 o 元素替换集合中 index 位置的数据元素。

2.4.2 ArrayList 原理及使用

ArrayList 实现了 List 接口，其底层采用的数据结构是数组。另一个 List 接口的实现类是 LinkedList，它在存储方式上采用链表进行链式存储。

根据数据结构的知识可知，数组（顺序表）在插入或删除数据元素时，需要批量移动数据元素，故性能较差；但在根据索引获取数据元素时，因为数组是连续存储的，所以在遍历元素或随机访问元素时效率较高。ArrayList 的底层就是数组，因此 ArrayList 更加适合根据索引访问元素的操作。

继续修改“租车系统”的代码，学习 ArrayList 集合的使用。假设“租车系统”有如下需求调整：

（1）用户可以按照车辆入库的顺序查阅车辆信息。

（2）所有车辆有连续的编号，当用户输入车辆的编号后系统显示车辆完整信息。

根据需求编写代码，如程序清单 2.9 所示。

```
import java.util.*;
class TestZuChe3{
    public static void main(String[] args) {
        int index = -1;                    //用于显示序号
        Scanner input = new Scanner(System.in);
        //创建 ArrayList 集合，用于存放车辆
        List vehAL = new ArrayList();
        Vehicle c1 = new Car("战神","长城");
        Vehicle c2 = new Car("跑得快","红旗");
        Vehicle t1 = new Truck("大力士","5 吨");
        Vehicle t2 = new Truck("大力士二代","10 吨");
        vehAL.add(c1);                     //将 c1 添加到 vehAL 集合的末尾
        vehAL.add(c2);
        vehAL.add(t1);
        vehAL.add(t2);
        System.out.println("***显示“租车系统”中全部车辆***");
        index = 1;
        //增强 for 循环遍历
        for(Object obj:vehAL){
            if(obj instanceof Car)  {
                Car car = (Car)obj;
                System.out.println(index + " 该车是轿车，其车名为：" + car.getName());
            }else{
                Truck truck = (Truck)obj;
                System.out.println(index + " 该车是卡车，其车名为：" + truck.getName());
            }
            index++;
        }
        System.out.print("请输入要显示车名的车辆编号：");
        String name = ((Vehicle)vehAL.get(input.nextInt()-1)).getName();
        System.out.println(name);
    }
}
```

程序清单 2.9

编译并运行程序，运行结果如图 2.8 所示。通过代码和运行结果可以看出，此例中采用了增强 for 循环的方式遍历了 ArrayList 集合中的所有元素，集合中元素的顺序是按照 add()方法调用的顺序依次存储的，再通过调用 ArrayList 接口的 get(int index)方法获取指定位置的元素，并输出该对象的信息。

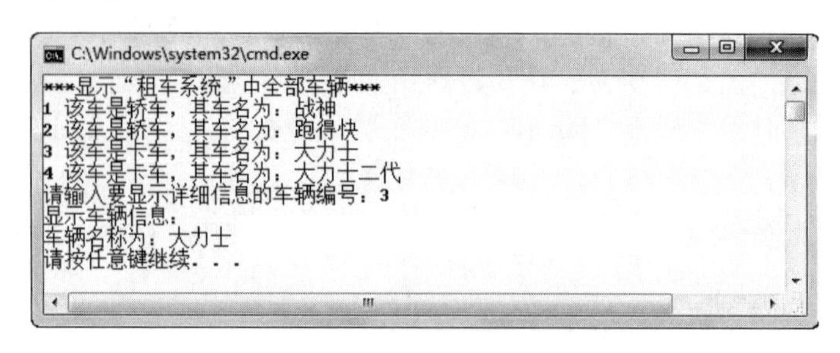

图 2.8　ArrayList 的使用

2.4.3　LinkedList 原理及使用

LinkedList 的底层是链表。LinkedList 和 ArrayList 在应用层面类似，只是底层存储结构上的差异导致了二者对于不同操作存在性能上的差异。这其实就是顺序表和链表之间的差异。一般而言，对于“索引访问”较多的集合操作，建议使用 ArrayList；而对于“增删”较多的集合操作，建议使用 LinkedList。LinkedList 接口除了拥有 ArrayList 接口提供的方法，还增加了如下一些方法：

（1）void addFirst(Object o)：将指定数据元素插入此集合的开头处。

（2）void addLast(Object o)：将指定数据元素插入此集合的结尾处。

（3）Object getFirst()：返回此集合的第一个数据元素。

（4）Object getLast()：返回此集合的最后一个数据元素。

（5）Object removeFirst()：移除并返回此集合的第一个数据元素。

（6）Object removeLast()：移除并返回此集合的最后一个数据元素。

鉴于 LinkedList 和 ArrayList 在使用时大同小异，大家可以自行将程序清单 2.9 中的 ArrayList 改成 LinkedList，再进行必要的修改，试试能否正确地运用 LinkedList。

2.5　泛 型 简 介

首先说明，在初级阶段，为了快速地掌握泛型的用法，本节只讲解“使用泛型限制集合元素类型”这个核心内容，其余较为深入的泛型知识暂不做介绍。

在之前使用集合的时候，装入集合的各种类型的元素都被当作 Object 对待，而非元素自身的类型。因此，从集合中取出某个元素时，就需要进行类型转换，这种做法效率低下且容易出错。如何解决这个问题呢？答案是可以使用泛型。

泛型是指在定义集合的同时也定义集合中元素的类型，需要用“< >”进行指定，其语法形式如下：

```
集合<数据类型> 引用名 = new 集合实现类<数据类型> ();
```

需要注意的是，使用泛型约束的数据类型必须是对象类型，而不能是基本数据类型。如下形式就限制了 List 集合中只能存放 String 类型的元素：

```
List<String> list = new ArrayList<String>();
```

在 JDK 1.7 之后，“=”右边“< >”中的“String”等类型也可以省略。例如，以上代码可以写成以下的等价形式：

```
List<String> list = new ArrayList<>();
```

接下来在“租车系统”中加入泛型，详见程序清单 2.10。

```
class TestZuChe {
    public static void main(String[] args) {
        //使用泛型保证集合里的数据元素都是 Vehicle 类及其子类
        List<Vehicle> vehAL = new ArrayList<Vehicle>();
        Vehicle c1 = new Car("战神", "长城");
        Vehicle c2 = new Car("跑得快", "红旗");
        Vehicle t1 = new Truck("大力士", "5 吨");
        Vehicle t2 = new Truck("大力士二代", "10 吨");
        vehAL.add(c1);
        vehAL.add(c2);
        vehAL.add(t1);
        vehAL.add(1, t2);                          //在集合索引为 1 处添加 t2
        //vehAL.add("大力士三代");                  //编译错误，添加的不是 Vehicle 类
        System.out.println("***显示“租车系统”中全部车辆信息***");
        //使用增强 for 循环遍历时，获取的已经是 Vehicle 对象
        for (Vehicle obj : vehAL) {
            // Vehicle 中定义 oil 的默认值是 20
            System.out.println(obj.getName() + "," + obj.getOil());
        }
    }
}
```

程序清单 2.10

“List<Vehicle> vehAL = new ArrayList<Vehicle>();”的作用是使用泛型创建 ArrayList 集合 vehAL，且集合中的数据元素必须是 Vehicle 类及其子类。如果向这个集合中添加其他的类型，编译器会报错。当从集合中获取对象时，也是直接获取了 Vehicle 类的对象，不需要再进行强制类型转换。

程序运行结果如图 2.9 所示。

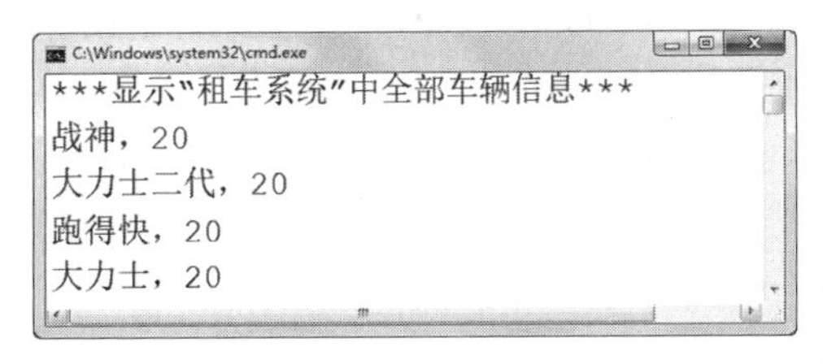

图 2.9　泛型的使用

2.6 工 具 类

本节将介绍集合工具类 Collections 和数组工具类 Arrays 的使用，这两个工具类中的方法都是静态的，因此不需要创建对象，可直接以“类名.静态方法()”的形式调用。

2.6.1 Collections 工具类

Collections 类是集合对象的工具类，提供了操作集合的工具方法，如复制、反转和排序等方法，如下所示：

（1）void sort(List list)：根据数据元素的排序规则对 list 集合进行排序，其中的排序规则是通过内部比较器设置的。例如，list 中存放的是 obj 对象，那么排序规则就是根据 obj 所属类重写内部比较器 Comparable 中的 compareTo()方法定义的。

（2）void sort(List list, Comparator c)：根据指定比较器中的规则对 list 集合进行排序。通过自定义 Comparator 比较器 c，可以实现按程序员定义的规则进行排序。

（3）void shuffle(List list)：对指定 list 集合进行随机排序。

（4）void reverse(List list)：反转 list 集合中数据元素的顺序。

（5）Object max(Collection coll)：根据数据元素的自然顺序，返回给定 coll 集合中的最大元素。该方法的输入类型为 Collection 接口，而非 List 接口，因为求集合中最大元素不需要集合是有序的。

（6）Object min(Collection coll)：根据数据元素的自然顺序，返回给定 coll 集合中的最小元素。

（7）int binarySearch(List list,Object o)：使用二分查找法查找 list 集合，以获得 o 数据元素的索引。如果此集合中不包含 o 元素，则返回-1。在进行此调用之前，必须根据 list 集合数据元素的自然顺序对集合进行升序排序（通过 sort(List list)方法）。如果没有对 list 集合进行排序，则结果是不确定的。如果 list 集合中包含多个元素“等于”指定的 o 元素，则无法保证找到的是哪一个。这里说的“等于”是指通过 equals()方法判断相等的元素。

（8）int indexOfSubList(List source,List target)：返回指定源集合 source 中第一次出现指定目标集合 target 的起始位置。换句话说，如果 target 是 source 的一个子集合，那么该方法返回 target 在 source 中第一次出现的位置。如果没有出现这种集合间的包含关系，则返回-1。

（9）int lastIndexOfSubList(List source,List target)：返回指定源集合 source 中最后一次出现指定目标集合 target 的起始位置。如果没有出现这样的集合，则返回-1。

（10）void copy(List dest,List src)：将所有数据元素从 src 集合复制到 dest 集合。

（11）void fill(List list,Object o)：使用 o 数据元素替换 list 集合中的所有数据元素。

（12）boolean replaceAll(List list,Object old,Object new)：使用一个指定的 new 元素替换 list 集合中出现的所有指定的 old 元素。

（13）void swap(List list,int i,int j)：在 list 集合中，交换 i 位置和 j 位置的元素。

接下来通过一个示例来演示 Collections 工具类中静态方法的使用，详见程序清单 2.11。

```
import java.util.ArrayList;
import java.util.Collections;
import java.util.List;
```

```
public class TestCollections {
    public static void main(String[] args) {
        List list = new ArrayList();
        list.add("w");
        list.add("o");
        list.add("r");
        list.add("l");
        list.add("d");
        System.out.println("排序前:                            " + list);
        System.out.println("该集合中的最大值: " + Collections.max(list));
        System.out.println("该集合中的最小值: " + Collections.min(list));
        Collections.sort(list);
        System.out.println("sort 排序后:                       " + list);
        //使用二分查找法，查找前须保证被查找集合是自然有序排列的
        System.out.println("r 在集合中的索引为:   " + Collections.binarySearch(list, "r"));
        Collections.shuffle(list);
        System.out.println("再 shuffle 排序后:                 " + list);
        Collections.reverse(list);
        System.out.println("再 reverse 排序后:                 " + list);
        Collections.swap(list, 1, 4);
        System.out.println("索引为 1、4 的元素交换后:          " + list);
        Collections.replaceAll(list, "w", "d");
        System.out.println("把 w 都换成 d 后的结果:            " + list);
        Collections.fill(list, "s");
        System.out.println("全部填充为 s 后的结果:             " + list);
    }
}
```

程序清单 2.11

编译并运行程序，运行结果如图 2.10 所示。

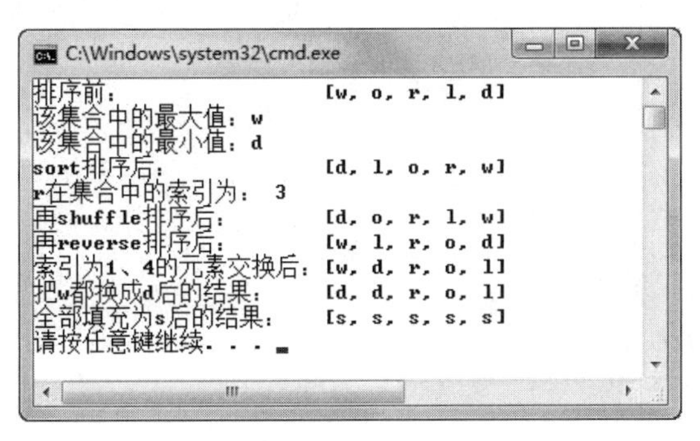

图 2.10　Collections 工具类的使用

2.6.2　Arrays 工具类

Arrays 类是操作数组的工具类。和 Collections 工具类相似，Arrays 工具类主要有以下功能：

（1）对数组进行排序。

（2）给数组赋值。

（3）比较数组中元素的值是否相等。

（4）进行二分查找。

大家可以通过查阅 API 学习其中各个方法。接下来通过一段代码，演示 Arrays 工具类的使用，代码如程序清单 2.12 所示。

```
import java.util.Arrays;
public class TestArrays {
    public static void output(int[] a) {
        for (int num : a) {
            System.out.print(num + " ");
        }
        System.out.println();
    }

    public static void main(String[] args) {
        int[] array = new int[5];
        //填充数组
        Arrays.fill(array, 8);
        System.out.println("填充数组 Arrays.fill(array,8)：");
        TestArrays.output(array);
        //将数组索引为 1 到 4 的元素赋值为 6
        Arrays.fill(array, 1, 4, 6);
        System.out.println("将数组索引为 1 到 4 的元素赋值为 6 Arrays.fill(array, 1, 4, 6)：");
        TestArrays.output(array);
        int[] array1 = {12, 9, 21, 43, 15, 6, 19, 77, 18};
        //对数组索引为 3 到 7 的元素进行排序
        System.out.println("排序前，数组的序列为：");
        TestArrays.output(array1);
        Arrays.sort(array1, 3, 7);
        System.out.println("对数组索引为 3 到 7 的元素进行排序：Arrays.sort(array1,3,7)：");
        TestArrays.output(array1);
        //对数组进行自然排序
        Arrays.sort(array1);
        System.out.println("对数组进行自然排序  Arrays.sort(array1)：");
        TestArrays.output(array1);
        //比较数组元素是否相等
        int[] array2 = array1.clone();
        System.out.println("数组克隆后是否相等：Arrays.equals(array1, array2):" +
                Arrays.equals(array1, array2));
        //使用二分查找法查找元素下标（数组必须是排好序的）
        System.out.println("77 在数组中的索引：Arrays.binarySearch(array1, 77)："
                + Arrays.binarySearch(array1, 77));
    }
}
```

程序清单 2.12

编译、运行程序，运行结果如图 2.11 所示。

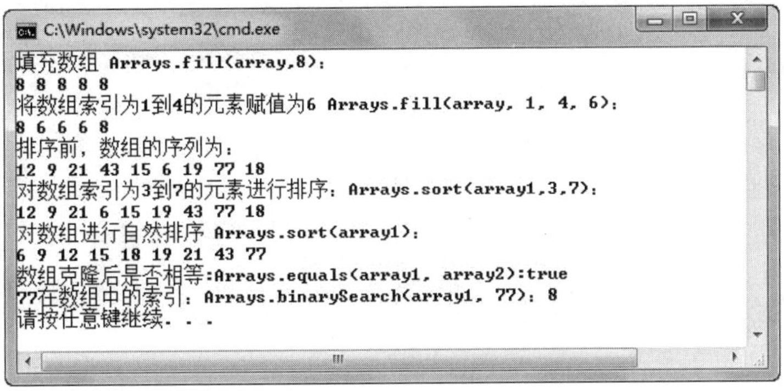

```
C:\Windows\system32\cmd.exe
填充数组 Arrays.fill(array,8):
8 8 8 8 8
将数组索引为1到4的元素赋值为6 Arrays.fill(array, 1, 4, 6):
8 6 6 6 8
排序前，数组的序列为:
12 9 21 43 15 6 19 77 18
对数组索引为3到7的元素进行排序: Arrays.sort(array1,3,7):
12 9 21 6 15 19 43 77 18
对数组进行自然排序 Arrays.sort(array1):
6 9 12 15 18 19 21 43 77
数组克隆后是否相等:Arrays.equals(array1, array2):true
77在数组中的索引: Arrays.binarySearch(array1, 77): 8
请按任意键继续. . .
```

图 2.11　Arrays 工具类的使用

2.7　Map 接口

我们已经知道，Map 接口定义了存取“键-值对”的方法，接下来通过案例学习 HashMap 这个实现类的用法。

2.7.1　HashMap 的使用

我们知道，国际域名是使用最早也是使用最广泛的域名，例如，表示工商企业的.com，表示网络提供商的.net，表示非营利组织的.org 等。现在需要建立域名和含义之间的键值映射，例如，com 映射工商企业，org 映射非营利组织，可以根据 com 查到工商企业，可以通过删除 org 删除对应的非营利组织，这种一一对应的需求就可以通过 HashMap 来实现。具体代码如程序清单 2.13 所示。

```
import java.util.*;
public class TestHashMap {
    public static void main(String[] args) {
    //使用 HashMap 存储域名和含义键值对的集合
        Map domains = new HashMap();
        domains.put("com", "工商企业");
        domains.put("net", "网络服务商");
        domains.put("org", "非营利组织");
        domains.put("edu", "教研机构");
        domains.put("gov", "政府部门");
        //通过键获取值
        String op = (String) domains.get("edu");
        System.out.println("edu 国际域名对应的含义为：" + op);
        //判断是否包含某个键
        System.out.println("domains 键值对集合中是否包含 gov：" + domains.containsKey("gov"));
        //删除键值对
        domains.remove("gov");
        System.out.println("删除后集合中是否包含 gov：" + domains.containsKey("gov"));
```

```
            //输出全部键值对
            System.out.println(domains);
        }
    }
```

程序清单 2.13

编译并运行程序，运行结果如图 2.12 所示。

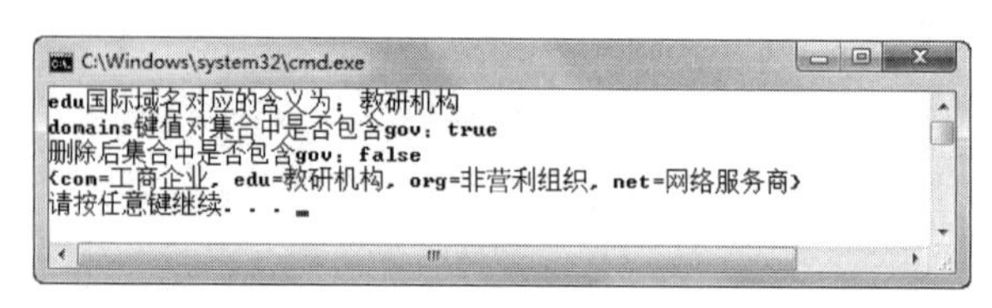

图 2.12　HashMap 的使用

上面通过一个简单的例子，让大家对 Map 接口的使用有了直接的认识。以下总结 Map 接口的常用方法：

（1）Object put(Object key,Object value)：将指定键-值对（key 和 value）添加到 Map 集合中，如果此 Map 集合以前包含一个该键 key 的键-值对，则用参数 key 和 value 替换旧值。

（2）Object get(Object key)：返回指定键 key 所对应的值，如果此 Map 集合中不包含该键 key，则返回 null。

（3）Object remove(Object key)：如果存在指定键 key 的键-值对，则将该键-值对从此 Map 集合中移除。

（4）Set keySet()：返回此 Map 集合中包含的键的 Set 集合。在上面的程序末尾添加语句“System.out. println(domains.keySet());”，则会输出“com, edu, org, net”。

（5）Collection values()：返回此 Map 集合中包含的值的 Collection 集合。在上面的程序末尾添加语句“System.out.println(domains.values());”，则会输出“工商企业，教研机构，非营利组织，网络服务商”。

（6）boolean containsKey(Object key)：如果此 Map 集合包含指定键 key 的键-值对，则返回 true。

（7）boolean containsValue(Object key)：如果此 Map 集合将一个或多个键 key 对应到指定值，则返回 true。

（8）int size()：返回此 Map 集合的键-值对的个数。

2.7.2　Map 的遍历

我们已经掌握了遍历 Collection 的通用方法——使用增强 for 循环或者迭代器 Iterator，并且知道 Collection 是单值形式元素的集合，而 Map 是键-值对形式的元素集合。因此就能推测出遍历 Map 的方法就是，先将 Map 集合（或 Map 集合的部分元素）转换成单值集合的形式，然后使用增强 for 循环或者迭代器 Iterator 遍历即可。简而言之，Map→转换为单值集合→使用增强 for 循环或者迭代器 Iterator 遍历。具体如下：

（1）将 Map 中的 key 全部提取出来，遍历 key，然后再根据 key 获取 value。代码如程序清单 2.14 所示。

```
public class TestMap {
    public static void main(String[] args) {
        Map<String, String> map = new HashMap<>();
        map.put("k1", "v1");
        map.put("k2", "v2");
        map.put("k3", "v3");

        //将 Map 中的 key 全部提取出来
        Set<String> keys = map.keySet();
        System.out.println("使用迭代器遍历");
        Iterator<String> keyIter = keys.iterator();
        while (keyIter.hasNext()) {
            //获取 map 的每个 key
            String key = keyIter.next();
            //根据 key 获取对应的 value
            String value = map.get(key);
            System.out.println(key + "," + value);
        }

        System.out.println("使用增强 for 遍历");
        for (String key : keys) {
            //根据 key 获取对应的 value
            String value = map.get(key);
            System.out.println(key + "," + value);
        }
    }
}
```

程序清单 2.14

运行结果如图 2.13 所示。

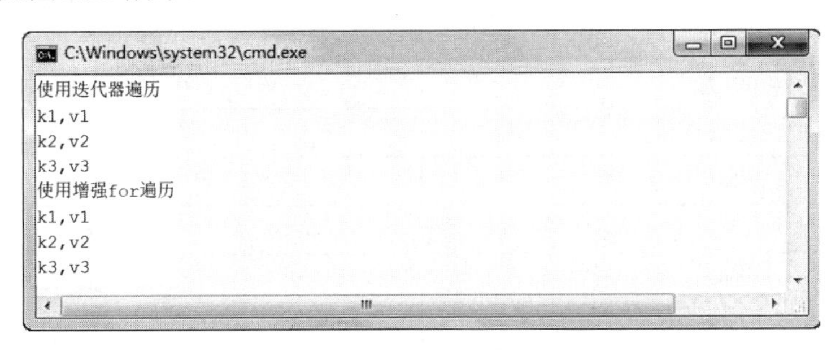

图 2.13　遍历集合

（2）Map 中的每一组 key-value 对称为一个 entry 对象，即 entry=key+value。Map 接口提供了获取 Map 中全部 entry 对象的方法，因此就可以先获取全部的 entry，然后再提取 entry 对象中的 key 和 value。代码如程序清单 2.15 所示。

```
public class TestMap2 {
    public static void main(String[] args) {
```

```
        Map<String, String> map = new HashMap<>();
        map.put("k1", "v1");
        map.put("k2", "v2");
        map.put("k3", "v3");

        //获取 Map 的全部 entry 对象
        Set<Map.Entry<String, String>> entries = map.entrySet();
        //遍历 entry 集合
        for (Map.Entry<String, String> entry : entries) {
            String key = entry.getKey();
            String value = entry.getValue();
            System.out.println(key + "," + value);
        }
    }
}
```

程序清单 2.15

2.8 自动拆箱和装箱

增强 for 循环是 JDK 1.5 提供的一个新特性。本节将继续介绍另外两个 JDK 1.5 的新特性——自动拆箱和自动装箱。

2.8.1 包装类

在面向对象编程中，最理想的情况是“一切皆是对象”，但显然 8 个基本数据类型不是对象，如何统一这一问题呢？答案是使用包装类。Java 提供了 8 个包装类，分别对应 8 个基本数据类型。并且，包装类既然是类，因此也拥有方法和属性等类的特征。

Java 中的 8 个类如表 2.1 所示。

表 2.1 基本数据类型与包装类

基 本 类 型	包 装 类
byte	Byte
short	Short
int	Integer
long	Long
float	Float
double	Double
char	Character
boolean	Boolean

2.8.2 自动拆箱和装箱的概念

自动拆箱和装箱，其目的是方便基本数据类型和其对应的包装类型之间的转换。开发者可以直接把一个基本数据类型的值赋给其包装类型（装箱），反之亦然（拆箱），中间的过程由编译器自动完成。

编译器对这个过程也只是做了简单的处理，通过包装类的 valueOf()方法对基本数据类型进行包装，通过包装类提供的形如“xxxValue()”方法得到其基本数据类型。具体而言，Integer 中自动拆箱的方法是 intValue()，Short 中的是 shortValue()，Float 中的是 floatValue()，Character 中的是 charValue()。例如，下面的代码：

```
Integer stuAgeI = 23;
int stuAge = stuAgeI;
```

编译器将其自动变换为：

```
Integer stuAgeI = Integer.valueOf(23);
int stuAge = stuAgeI.intValue();
```

2.8.3　自动拆箱和装箱的使用

自动拆箱和装箱看起来非常简单，也很容易理解，但是在使用过程中仍然需要注意一些细节。尤其要注意两个包装类对象之间使用“==”运算符进行比较的情况，请看程序清单 2.16。

```
public class TestBox {
    public static void main(String[] args)    {
        Integer stuAgeI1 = 23;
        System.out.println("过年了，年龄增长了一岁，现在年龄是：" + (stuAgeI1 + 1));
        Integer stuAgeI2 = 23;
        System.out.println("stuAgeI1 == stuAgeI2(值均为 23)的结果是：" + (stuAgeI1 == stuAgeI2));
        stuAgeI1 = 323;
        stuAgeI2 = 323;
        System.out.println("stuAgeI1 == stuAgeI2(值均为 323)的结果是：" + (stuAgeI1 == stuAgeI2));

        System.out.println("stuAgeI1.equals(stuAgeI2)(值均为 323)的结果是："
            + (stuAgeI1.equals(stuAgeI2)));
    }
}
```

程序清单 2.16

程序运行结果如图 2.14 所示。

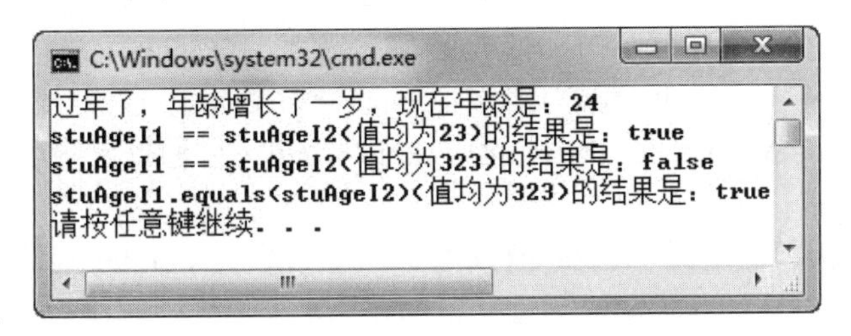

图 2.14　自动拆箱和装箱的使用

看到上面的运行结果，大家可能会很困惑：为什么当 stuAgeI1 和 stuAgeI2 这两个对象中

存的值均为 23 时，使用“==”进行比较，其结果为 true，而当这两个对象的值为 323 时，其结果却为 false 了？

这是因为这些包装类的 valueOf()方法，对部分经常使用的数据采用缓存技术，也就是在未使用的时候，这些对象就创建并缓存着，需要使用的时候不需要新创建该对象，直接从缓存中获取即可，从而提高性能。例如，Byte、Integer 和 Long 这些包装类都缓存了数值为-128～+127 的对象，自动装箱的时候，如果对象值在此范围之内，则直接返回缓存的对象，只有在缓存中没有的时候再去创建一个对象。如下是 Integer 的部分源码：

```
public final class Integer extends Number implements Comparable<Integer> {
    ...
    private static class IntegerCache {
        static final int low = -128;
        static final int high;
        static final Integer cache[];
        ...
    }

    public static Integer valueOf(int i) {
        if (i >= IntegerCache.low && i <= IntegerCache.high)
            return IntegerCache.cache[i + (-IntegerCache.low)];
        return new Integer(i);
    }
    ...
}
```

当第一次比较 stuAgeI1 和 stuAgeI2 这两个对象时，因为其值为-128～+127，所以这两个对象都是直接返回的缓存对象，使用“==”比较时结果为 true。而第二次比较 stuAgeI1 和 stuAgeI2 这两个对象时，其值超出了-128～+127 的范围，需要通过 new 方法创建两个新的包装类对象，所以再使用“==”比较时结果为 false。

2.9 本章小结

本章讲解了集合和泛型的相关知识，其中泛型仅做了初步的了解，具体如下：

（1）JDK 中的集合可以分为 Collection 家族和 Map 家族两大类。Collection 集合中存放的是单值元素组成的集合，Map 集合中存放的由键-值对元素组成的集合。

（2）List 集合中的元素是有序的、可重复的，Set 集合中的元素不可重复。

（3）Comparable 接口称为内部比较器，Comparator 接口称为外部比较器，开发者既可以通过重写前者中的 compareTo()方法对元素进行排序，也可以通过重写后者的 compare()方法对元素进行排序。

（4）Collection 接口中定义了 iterator()方法，其返回值是 Iterator 对象。通过 Iterator 对象的 hasNext()和 next()方法可以实现对集合元素的遍历。

（5）可以使用增强 for 循环和迭代器对 Collection 集合进行遍历。在遍历 Map 集合时，需要先将 Map 转为单值集合（key 集合、value 集合或者 entry 集合），然后再遍历。

（6）JDK 为 8 个基本类型的数据提供了相应的包装类，并且为基本数据类型和包装类之间的转换提供了自动装箱和自动拆箱功能。

（7）使用泛型可以限制集合中元素的类型，避免了在集合中进行强制类型转换等烦琐操作。

2.10 本章练习

单选题

（1）运行下面的代码，其结果为（　　）。

```
Integer i1 = 99;
Integer i2 = 99;
System.out.println("i1 == i2 的结果是：" + (i1 == i2));
```

A．i1 == i2 的结果是：true　　B．i1 == i2 的结果是：false

C．编译错误　　D．运行错误

（2）以下关于集合的描述中错误的是（　　）。

A．ArrayList、HashMap、HashSet 等集合的顶级接口都是 Collection。

B．ArrayList 的底层是数组结构。

C．可以使用增强 for 循环或者迭代器 Iterator 遍历 Set 集合。

D．HashMap 中存储的是键-值对集合。

（3）以下关于 List 和 Set 的描述中正确的是（　　）。

A．List 集合中的元素是无序的、不可重复的。

B．List 集合中的元素是有序的、不可重复的。

C．Set 集合中的元素是无序的、不可重复的。

D．Set 集合中的元素是有序的、不可重复的。

（4）以下哪个是 ArrayList 中 add()方法的返回值类型？（　　）

A．int　　B．void　　C．boolean　　D．泛型

（5）以下关于比较器的说法中正确的是（　　）。

A．在使用比较器比较元素时，如果当前对象等于、小于或大于指定对象，则分别返回负整数、零或正整数。

B．在使用比较器比较元素时，如果当前对象大于、等于或小于指定对象，则分别返回负整数、零或正整数。

C．在使用比较器比较元素时，如果当前对象小于、大于或等于指定对象，则分别返回负整数、零或正整数。

D．Comparable 称为内部比较器，Comparator 称为外部比较器。

（6）以下关于遍历集合的说法中错误的是（　　）。

A．可以使用增强 for 循环遍历 List 和 Set 集合。

B．可以使用普通 for 循环遍历 List 和 Set 集合。

C．可以使用迭代器遍历 List 和 Set 集合。

D．在遍历 Map 时，可以先将 Map 中全部的 key 提取出来，遍历 key 集合，然后再通过 key 获取 value。

（7）以下关于自动装箱、自动拆箱及包装类的说法中正确的是（　　）。

A．自动装箱是指可以把一个基本数据类型的值赋给其包装类型。

B．自动拆箱是指可以把一个包装类型的值赋给其对应的基本数据类型。

C．基本数据类型和包装类型在进行转换时，编译器会进行自动类型转换，如果转换失败就需要开发者进行强制类型转换。

D．包装类的 valueOf()方法可以对基本数据类型进行包装，包装类提供的形如“xxxValue()”的方法可以将包装类型的数据转为基本数据类型。

第3章

IO 和 XML

本章简介

截至目前，本书的程序中所有的数据都保存在内存中，一旦程序终止或计算机重启，这些数据就都丢失了，这显然不符合一般软件项目的需求。通常，在软件开发项目中长期保存数据的办法主要有两类：一类是使用数据库保存，相关的内容会在本书的“JDBC”一章做详细介绍；另一类就是把数据保存在文件中，这也是本章讲解的重点——使用 IO 和 XML 存取数据。

3.1 File 类

Java 是面向对象的语言，要想把数据存到文件中，就必须用一个对象表示这个文件。File 类生成的对象就代表一个特定的文件或目录，并且 File 类提供了若干方法对这个文件或目录进行读、写等各种操作。File 类在 java.io 包下，与系统输入/输出相关的类通常都在此包下。

3.1.1 File 类构造方法

构造一个 File 类的实例，需要文件或目录的路径来创建。File 类有如下 4 个构造方法：

（1）File(String pathname)：创建一个新的 File 实例，该实例的存放路径是 pathname。

（2）File(String parent, String child)：创建一个新的 File 实例，该实例的存放路径是由 parent 和 child 拼接而成的。

（3）File(File parent, String child)：创建一个新的 File 实例。parent 代表目录，child 代表文件名，因此，该实例的存放路径是 parent 目录中的 child 文件。

（4）File(URI uri)：创建一个新的 File 实例，该实例的存放路径是由 URI 类型的参数指定的。

在创建 File 类的实例时，有个问题尤其需要注意。Java 语言的一个显著特点是跨平台，可以做到“一次编译、处处运行”，所以在使用 File 类创建一个路径的抽象时，需要保证创建的这个 File 对象也是跨平台的。但是，不同的操作系统对文件路径的设定各有不同的规则。例如，在 Windows 操作系统下，一个文件的路径可能是“C:\cn\lq\zuche\TestZuChe.java”；而在 Linux 和 UNIX 操作系统下，文件路径的格式就类似于“/cn/lq/zuche/TestZuChe.java”。如何统一 Windows 或 Linux 等系统中的路径分隔符呢？答案是可以使用 File 类提供的一些静态

属性，通过这些静态属性，可以获得 Java 虚拟机所在操作系统的分隔符相关信息，具体介绍如下：

（1）File.pathSeparator：与系统有关的路径分隔符，值是一个字符串，如在 Windows 中的此值是“";"”，在 Linux 中的此值是“":"”。

（2）File.pathSeparatorChar：与系统有关的路径分隔符，值是一个字符，如在 Windows 中的此值是“';'”，在 Linux 中的此值是“':'”。

（3）File.separator：与系统有关的路径层级分隔符，值是一个字符串，如在 Windows 中的此值是“"\"”，在 Linux 中的此值是“"/"”。

（4）File.separatorChar：与系统有关的路径层级分隔符，值是一个字符，如在 Windows 中的此值是“'\'”，在 Linux 中的此值是“'/'”。

在 Windows 平台下编译并运行如程序清单 3.1 所示的代码，运行结果如图 3.1 所示。

```
import java.io.File;
public class TestFileSeparator {
    public static void main(String[] args) {
        System.out.println("PATH 分隔符：" + File.pathSeparator);
        System.out.println("路径分隔符：" + File.separator);
    }
}
```

程序清单 3.1

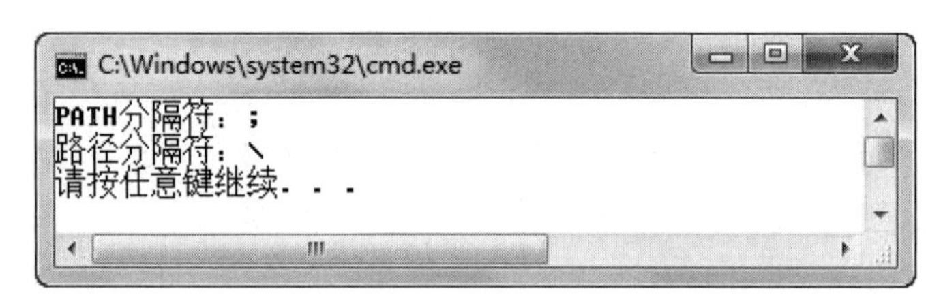

图 3.1　Windows 系统中的 File 类分隔符

3.1.2　静态导入

上一节中介绍的 File.pathSeparator 等属性都是用 static 修饰的静态属性。JDK 从 1.5 版开始，增加了静态导入的特性，用来导入指定类的某个静态属性或静态方法，或全部的静态属性或静态方法。静态导入使用 import static 语句。

例如，我们常用的“System.out.println()”中的“out”，以及 Integer 中的“MAX_VALUE”等，都是静态的属性，就可以使用静态导入。如下所示是定义 System 类的部分源码：

```
package java.lang;
...
public final class System {
    ...
    public final static PrintStream out = null;
    ...
}
```

下面通过静态导入前后的代码进行对比，理解静态导入的使用，代码详见程序清单 3.2。

```
//静态导入前的代码
public class TestStatic {
    public static void main(String[] args) {
        System.out.println(Integer.MAX_VALUE);
        System.out.println(Integer.toHexString(12));
    }
}

//静态导入后的代码
import static java.lang.System.out;
import static java.lang.Integer.*;
public class TestStatic2 {
    public static void main(String[] args) {
        out.println(MAX_VALUE);
        out.println(toHexString(12));
    }
}
```

程序清单 3.2

通过代码对比可以看出，使用静态导入省略了 System 和 Integer 的书写，编写代码相对简单。在使用静态导入的时候，需要注意以下几点：

（1）静态导入在代码中必须写“import static”。

（2）避免静态导入冲突。例如，如果同时对 Integer 类和 Long 类执行了静态导入，引用 MAX_VALUE 属性将导致一个编译器错误，因为 Integer 类和 Long 类都有一个 MAX_VALUE 常量，在使用时编译器就无法区分重名的 MAX_VALUE。

（3）虽然静态导入让代码编写相对简单，但毕竟没有完整地写出静态成员所属的类名，程序的可读性有所降低。

在一些程序中，System.out 被书写了多次。对于这种情况，程序员就可以考虑静态导入 System 类下的 out 静态变量，这样在之后代码内直接书写 out 即可代表此静态变量。

3.1.3　File API

下面通过一个具体的例子来演示 File 类的一些常用方法，不易理解的代码可以参见程序清单 3.3 中的注释及程序之后的解析。

```
import java.io.*;
public class TestFile{
    public static void main(String args[]) throws IOException {
        System.out.print("文件系统根目录");
        for (File root : File.listRoots()) {
            //format 方法以格式化形式输出字符串
            System.out.format("%s ", root);
        }
        System.out.println();
        showFile();
```

```
    }
    public static void showFile() throws IOException{
        //创建 File 类对象 file，注意使用转义字符“\”
        File f = new File("C:\\cn\\lq\\zuche\\Vehicle.java");
        File f1 = new File("C:\\cn\\lq\\zuche\\Vehicle1.java");
        //当不存在该文件时，创建一个新的空文件
        f1.createNewFile();
        System.out.format("输出字符串：%s%n", f);
        System.out.format("判断 File 类对象是否存在：%b%n", f.exists());
        //%tc，输出日期和时间
        System.out.format("获取 File 类对象最后修改时间：%tc%n", f.lastModified());
        System.out.format("判断 File 类对象是否是文件：%b%n", f.isFile());
        System.out.format("判断 File 类对象是否是目录：%b%n", f.isDirectory());
        System.out.format("判断 File 类对象是否有隐藏的属性：%b%n", f.isHidden());
        System.out.format("判断 File 类对象是否可读：%b%n", f.canRead());
        System.out.format("判断 File 类对象是否可写：%b%n", f.canWrite());
        System.out.format("判断 File 类对象是否可执行：%b%n", f.canExecute());
        System.out.format("判断 File 类对象是否是绝对路径：%b%n", f.isAbsolute());
        System.out.format("获取 File 类对象的长度：%d%n", f.length());
        System.out.format("获取 File 类对象的名称：%s%n", f.getName());
        System.out.format("获取 File 类对象的路径：%s%n", f.getPath());
        System.out.format("获取 File 类对象的绝对路径：%s%n",f.getAbsolutePath());
        System.out.format("获取 File 类对象父目录的路径: %s%n", f.getParent());
    }
}
```

程序清单 3.3

编译并运行程序，运行结果如图 3.2 所示。

```
C:\Windows\system32\cmd.exe
文件系统根目录C:\ D:\ E:\ F:\ Q:\
输出字符串：C:\cn\lq\zuche\Vehicle.java
判断File类对象是否存在：true
获取File类对象最后修改时间：星期四 四月 18 20:19:53 CST 2013
判断File类对象是否是文件：true
判断File类对象是否是目录：false
判断File类对象是否有隐藏的属性：false
判断File类对象是否可读：true
判断File类对象是否可写：true
判断File类对象是否可执行：true
判断File类对象是否是绝对路径：true
获取File类对象的长度：825
获取File类对象的名称：Vehicle.java
获取File类对象的路径：C:\cn\lq\zuche\Vehicle.java
获取File类对象的绝对路径：C:\cn\lq\zuche\Vehicle.java
获取File类对象父目录的路径：C:\cn\lq\zuche
请按任意键继续. . .
```

图 3.2　File 类对象的常用方法

程序中的代码“for(File root:File.listRoots()){…}”，通过一个增强 for 循环遍历 File.listRoots()方法获取根目录集合（File 对象集合）。“f1.createNewFile();”用于当不存在该文件时创建一个新的空文件，所以在“C:\cn\lq\zuche\”目录下创建了一个空文件，文件名为

Vehicle1.java。另外，这个方法在执行过程中，如果发生 I/O 错误，会抛出 IOException 检查时异常，必须进行显式的捕获或继续向外抛出该异常。System.out.format(format, args)使用指定格式化字符串输出，其中，format 参数为格式化转换符。关于转换符的说明如图 3.3 所示。

转换符	说明
%s	字符串类型
%c	字符类型
%b	布尔类型
%d	整数类型（十进制）
%x	整数类型（十六进制）
%o	整数类型（八进制）
%f	浮点类型
%e	指数类型
%%	百分比类型
%n	换行符
%tx	日期与时间类型

图 3.3　转换符说明

File 类还提供了一些用于返回指定路径下的目录和文件的方法，具体介绍如下：

（1）String[] list()：返回一个字符串数组，这些字符串代表此抽象路径名表示的目录中的文件和目录。

（2）String[] list(FilenameFilter filter)：返回一个字符串数组，这些字符串代表此抽象路径名表示的目录中满足过滤器 filter 要求的文件和目录。

（3）File[] listFiles()：返回一个 File 对象数组，表示此当前 File 对象中的文件和目录。

（4）File[] listFiles(FilenameFilter filter)：返回一个 File 对象数组，表示当前 File 对象中满足过滤器 filter 要求的文件和目录。

接下来通过程序清单 3.4 所示的案例，演示 File 类的方法的使用，其中，FilenameFilter 过滤器只需要简单了解即可。

```
import java.io.File;
import java.io.FileFilter;
import java.io.IOException;

public class TestListFile {
    public static void main(String args[]) throws IOException {
        File f = new File("C:\\cn\\lq\\zuche");
        System.out.println("***使用 list()方法获取 String 数组***");
        //返回一个字符串数组，由文件名组成
        String[] fNameList = f.list();
        for (String fName : fNameList) {
            System.out.println(fName);
        }
        System.out.println("***使用 listFiles()方法获取 File 数组***");
        //返回一个 File 数组，由 File 实例组成
        File[] fList = f.listFiles();
        for (File f1 : fList) {
            System.out.println(f1.getName());
```

```
            }
            //使用匿名内部类创建过滤器，过滤出.java 结尾的文件
            System.out.println("***使用 listFiles(filter)方法过滤出.java 文件***");
            File[] fileList = f.listFiles(new FileFilter() {
                public boolean accept(File pathname) {
                    if (pathname.getName().endsWith(".java"))
                        return true;
                    return false;
                }
            });
            for (File f1 : fileList) {
                System.out.println(f1.getName());
            }
        }
    }
```

程序清单 3.4

编译并运行程序，运行结果如图 3.4 所示。

图 3.4　获取目录和文件

3.2　I/O 流

3.2.1　I/O 流简介

流是对 I/O 操作的形象描述，水从一个地方转移到另一个地方就形成了水流，而信息从一处转移到另一处就叫作 I/O 流。

在 Java 中，文件的输入和输出是通过流（Stream）来实现的。流的概念源于 UNIX 中管道（pipe）的概念。在 UNIX 系统中，管道是一条不间断的字节流，用来实现程序或进程间的通信，或读/写外围设备、外部文件等。

一个流，必有源端和目的端，它们可以是计算机内存的某些区域，也可以是磁盘文件，甚至可以是 Internet 上的某个 URL。对于流而言，不用关心数据是如何传输的，只需要从源端输入数据（读），向目的端输出数据（写）。

输入流和输出流的示意图分别如图 3.5 和图 3.6 所示。

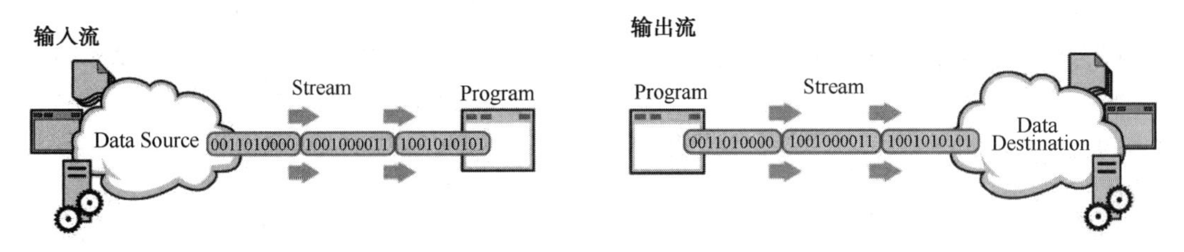

图 3.5　输入流示意图　　　　图 3.6　输出流示意图

如何理解输入和输出呢？简单地说，你听别人唠叨就是输入，你向别人发牢骚就是输出。在计算机的世界中，输入 Input 和输出 Output 都是针对计算机的内存而言的。例如，读取一个硬盘上的文件，对于内存就是输入；向控制台打印输出一句话，就是输出。Java 中对于此类输入/输出的操作统称为 I/O，即 Input/Output。

输入流的抽象表示形式是接口 InputStream；输出流的抽象表示形式是接口 OutputStream。

JDK 中 InputStream 和 OutputStream 的实现就抽象了各种方式向内存读取信息和向外部输出信息的过程。之前常用的“System.out.println();”就是一个典型的输出流，目的是将内存中的数据输出到控制台；而“new Scanner(System.in);”就是一个典型的输入流，目的是将控制台接收的信息输入到内存中。System.in 和 System.out 两个变量实际就是 InputStream 和 OutputStream 的实例对象。以 InputStream 对象为例，以下是定义 System 的源码：

```
public final class System {
    ...
    public final static InputStream in = null;
    ...
}
```

按照处理数据的单位，流可以分为字节流和字符流。字节流的处理单位是字节，通常用来处理二进制文件，如音乐、图片文件等，并且由于字节是任何数据都支持的数据类型，因此字节流实际可以处理任意类型的数据。而字符流的处理单位是字符，因为 Java 采用 Unicode 编码，Java 字符流处理的即为 Unicode 字符，所以，在操作文字、国际化等方面，字符流具有优势。

3.2.2　字节流

输入字节流类继承自抽象类 InputStream，输出字节流类继承自抽象类 OutputStream，这两个抽象类拥有的方法可以通过查阅 Java API 获得。JDK 提供了不少字节流的实现类，以下列举了 6 个输入字节流类，输出字节流类和输入字节流类存在对应关系，大家可以对比学习。

（1）FileInputStream：把一个文件作为输入源，从本地文件系统中读取数据字节，实现对文件的读取操作。

（2）ByteArrayInputStream：把内存中的一个缓冲区作为输入源，从内存数组中读取数据字节。

（3）ObjectInputStream：对以前使用 ObjectOutputStream 写入的基本数据和对象进行反序列化，用于恢复那些以前序列化的对象。注意：这个对象所属的类必须实现 Serializable 接口。

（4）PipedInputStream：实现了管道的概念，从线程管道中读取数据字节。主要在线程中使用，用于两个线程间的通信。

（5）SequenceInputStream：其他输入流的逻辑串联。它从输入流的有序集合开始，并从第一个输入流开始读取，直至到达文件末尾，接着从第二个输入流读取，依次类推。

（6）System.in：从用户控制台读取数据字节。在 System 类中，in 是 InputStream 类型的静态成员变量。

接下来通过程序清单 3.5 所示的案例来说明如何使用 FileInputStream 和 FileOutputStream 两个字节流类，实现复制文件内容的功能。

```
import java.io.File;
import java.io.FileInputStream;
import java.io.FileOutputStream;
import java.io.IOException;

public class TestByteStream {
    public static void main(String[] args) throws IOException {
        FileInputStream in = null;
        FileOutputStream out = null;
        try {
            File f = new File("C:\\cn\\lq\\zuche\\Vehicle1.java");
            f.createNewFile();
            //通过构造方法之一：String 构造输入流
            in = new FileInputStream("C:\\cn\\lq\\zuche\\Vehicle.java");
            //通过构造方法之一：File 类构造输出流
            out = new FileOutputStream(f);
            //通过逐个读取、存入字节，实现文件复制
            int c;
            while ((c = in.read()) != -1) {
                out.write(c);
            }
        } catch (IOException e) {
            System.out.println(e.getMessage());
        } finally {
            if (in != null) {
                in.close();
            }
            if (out != null) {
                out.close();
            }
```

```
            }
        }
    }
```

程序清单 3.5

上面的代码分别通过传入字符串和 File 类，创建了文件输入流和输出流，然后调用输入流类的 read()方法从输入流读取字节，再调用输出流的 write()方法写出字节，从而实现了复制文件内容的目的。

代码中有两个细节需要注意：一是 read()方法碰到数据流末尾时（即读取完毕时），返回值是-1，否则返回值>-1；二是在输入、输出流用完之后，要在异常处理的 finally 块中关闭输入、输出流，以释放资源。

编译并运行程序，程序会在“C:\cn\lq\zuche”目录下新建一个 Vehicle1.java 文件，打开该文件和 Vehicle.java 对比，发现内容一致。再次运行程序，并再次打开 Vehicle1.java 文件，Vehicle1.java 里面的原内容没有再重复增加一遍，这说明输出流的 write()方法是覆盖文件内容，而不是在文件内容后面追加内容。如果想采用追加的方式，则在使用构造方法创建字节输出流时，增加第二个值为 true 的参数即可，如 new FileOutputStream(f,true)。

程序中，通过“f.createNewFile();”代码创建了 Vehicle1.java 这个文件，然后从 Vehicle.java 向 Vehicle1.java 实施内容复制。如果删除“f.createNewFile();”这行代码，并删除之前创建的 Vehicle1.java 文件，编译并运行程序，会自动创建出这个文件吗？请大家自己尝试！

接下来列举 InputStream 输入流的可用方法：

（1）int read()：从输入流中读取数据的下一字节，返回 0～255 范围内的整型字节值；如果输入流中已无新的数据，则返回-1。

（2）int read(byte[] b)：从输入流中读取一定数量的字节，并将其存储在字节数组 b 中，以整数形式返回实际读取的字节数（要么是字节数组的长度，要么小于字节数组的长度）。

（3）int read(byte[] b, int off, int len)：将输入流中最多 len 个数据字节读入字节数组 b 中，以整数形式返回实际读取的字节数，off 指数组 b 中将写入数据的初始偏移量。

（4）void close()：关闭此输入流，并释放与该流关联的所有系统资源。

（5）int available()：返回可以不受阻塞地从此输入流读取（或跳过）的估计字节数。

（6）void mark(int readlimit)：在此输入流中标记当前的位置。

（7）void reset()：将此输入流重新定位到上次标记的位置。

（8）boolean markSupported()：判断此输入流是否支持 mark()和 reset()方法。

（9）long skip(long n)：跳过并丢弃此输入流中数据的 n 字节。

3.2.3　字符流

读取字符流类继承自抽象类 Reader，写入字符流类继承自抽象类 Write。并且 Reader 的子类必须实现的方法只有 read(char[], int, int)和 close()。但是，多数子类还重写了 Writer 或 Reader 类定义的一些其他方法，以提供更高的效率或完成其他功能。

Reader 和 Writer 要解决的一个主要问题是国际化。原先的 I/O 类库只支持 8 位的字节流，因此不能很好地处理 16 位的 Unicode 字符。Unicode 是国际化的字符集，这样在增加了 Reader 和 Writer 之后，就可以自动在本地字符集和 Unicode 国际化字符集之间进行转换，程序员在应对国际化时不需要做过多额外的处理。

JDK 提供了一些字符流实现类，下面列举了部分输入字符流类。同样，输出字符流类和输入字符流类存在对应关系，这里不再一一列举。

（1）FileReader：与 FileInputStream 对应，从文件系统中读取字符序列。

（2）CharArrayReader：与 ByteArrayInputStream 对应，从字符数组中读取数据。

（3）PipedReader：与 PipedInputStream 对应，从线程管道中读取字符序列。

（4）StringReader：从字符串中读取字符序列。

在前面的案例中，通过字节流实现了复制文件内容的目的，接下来再使用 FileReader 和 FileWriter 这两个字符流类实现相同的效果。但要注意，由于之前案例使用的是字节流，因此实际上是可以复制任何类型的文件的；而本程序使用的是字符流，通常只用于复制文字类型的文件（如.txt、.docx 等）。并且，和上一个程序不同的是，本程序的源文件名及目标文件名不是固定写在程序里面的，也不是在程序运行过程中让用户输入的，而是在执行程序时作为参数传递给程序源文件名及目标文件名。代码详见程序清单 3.6。

```
import java.io.*;
public class TestCharStream{
    public static void main(String[] args) throws IOException {
        FileReader in = null;
        FileWriter out = null;
        try{
            //其中 args[0]代表程序执行时输入的第一个参数
            in = new FileReader(args[0]);
            out = new FileWriter(args[1]);
            //通过逐个读取、存入字符，实现文件复制
            int c;
            while ((c = in.read()) != -1) {
                out.write(c);
            }
        }catch(IOException e){
            System.out.println(e.getMessage());
        }finally{
            if(in != null){
                in.close();
            }
            if(out != null){
                out.close();
            }
        }
    }
}
```

程序清单 3.6

上面的代码和程序清单 3.5 的流程类似，只是本程序使用了字符流类或字节流类。

编译并运行程序，运行时在命令行输入“java TestCharStream C:\cn\lq\zuche\Vehicle.java C:\cn\lq\zuche\Vehicle2.java”，其中，“C:\cn\lq\zuche\Vehicle.java”是第一个参数，“C:\cn\lq\zuche\Vehicle2.java”是第二个参数，运行结束后在“C:\cn\lq\zuche”目录下新建了一个

Vehicle2.java 文件，内容和 Vehicle.java 文件内容一致。

在程序里，main()方法中有 args 这个字符串数组参数，通过这个参数，可以获取用户执行程序时输入的多个参数，其中，args[0]代表程序执行时用户输入的第一个参数，args[1]代表程序执行时用户输入的第二个参数，依次类推。

接下来列举 Writer 输出字符流类的可用方法。注意：这些方法操作的数据是 char 相关类型，不是 byte 类型。

（1）Writer append(char c)：将指定字符 c 追加到此 Writer，此处是追加，不是覆盖。

（2）Writer append(CharSequence csq)：将指定字符序列 csq 添加到此 Writer。

（3）Writer append(CharSequence csq, int start, int end)：将指定字符序列 csq 的子序列追加到此 Writer。

（4）void write(char[] cbuf)：写入字符数组 cbuf。

（5）void write (char[] cbuf, int off, int len)：写入字符数组 cbuf 的某一部分。

（6）void write(int c)：写入单个字符 c。

（7）void write(String str)：写入字符串 str。

（8）void write(String str, int off, int len)：写入字符串 str 的某一部分。

（9）void close()：关闭当前流。

3.3 其 他 流

到目前为止，使用的字节流、字符流都是无缓冲的输入、输出流，这就意味着，每次的读、写操作都会交给操作系统来处理。这样的做法可能会对系统的性能造成很大的影响，因为每次操作都可能引发磁盘硬件的读、写或网络的访问，这些磁盘硬件读、写和网络访问会占用大量系统资源，影响效率。而本节介绍的一些流就可以很好地解决这一问题。

3.3.1 装饰器模式简介

本节介绍的缓冲流、转换流和数据流等内容，其底层都遵循着一个相同的设计模式——装饰器模式。

简单地讲，装饰器模式就是通过方法，将对象逐步进行包装。例如，字节输出流 FileOutputStream 对象放在缓冲输出流 BufferedOutputStream 类的构造方法中以后，就变成了一个缓冲输出流 BufferedOutputStream 对象，代码如下：

```
BufferedOutputStream bos = new BufferedOutputStream(new FileOutputStream(...)) ;
```

更进一步，缓冲输出流对象如果又被传入了数据流 DataOutputStream 类的构造方法中，就又变成了一个数据流 DataOutputStream 对象，代码如下：

```
DataOutputStream    out = new DataOutputStream(bos);
```

类似这种形式，就是装饰器模式的具体应用。值得大家注意的是，装饰器模式在语法上要求包装类和被包装类属于同一个继承体系，并且包装后外观（API）未变，但功能得到了增强。例如，上述示例中，BufferedOutputStream 和 DataOutputStream 都继承自 OutputStream 类，因此三者都是通过 OutputStream 提供的 write()方法进行统一的写操作。如何理解包装后的对象功能得到了增强呢？例如，FileOutputStream 对象在被 BufferedOutputStream 构造方法

包装后，就变成了一个 BufferedOutputStream 对象，而 BufferedOutputStream 提供了比 FileOutputStream 更加丰富的 API。

3.3.2 缓冲流

缓冲流的目的是让原字节流、字符流新增缓冲的功能。以字符缓冲流为例进行说明，字符缓冲流从字符流中读取、写入字符，不立刻要求系统进行处理，而是缓冲部分字符，从而实现按规定字符数、按行等方式的高效读取或写入。缓冲区的大小可以指定（通过缓冲流构造方法指定），也可以使用默认的大小，多数情况下默认大小已够使用。

通过一个输入字符流和输出字符流创建输入字符缓冲流和输出字符缓冲流的代码如下：

```
BufferedReader in = new BufferedReader(new FileReader("Car.java"));
BufferedWriter out = new BufferedWriter(new FileWriter("Truck.java "));
```

输入字符缓冲流类和输出字符缓冲流类的方法与输入字符流类和输出字符流类的方法类似，下面通过程序清单 3.7 所示的例子来演示缓冲流的使用。

```
import java.io.*;

public class TestBufferStream {
    public static void main(String[] args) throws IOException {
        BufferedReader in = null;
        BufferedWriter out = null;
        try {
            in = new BufferedReader(new FileReader("C:\\cn\\lq\\zuche\\Vehicle.java"));
            out = new BufferedWriter(new FileWriter("C:\\cn\\lq\\zuche\\Vehicle2.java"));
            //逐行读取、存入字符串，实现文件复制
            String s;
            while ((s = in.readLine()) != null) {
                out.write(s);
                //写入一个分行符，否则内容在一行显示
                out.newLine();
            }
        } catch (IOException e) {
            System.out.println(e.getMessage());
        } finally {
            if (in != null) {
                in.close();
            }
            if (out != null) {
                out.close();
            }
        }
    }
}
```

程序清单 3.7

上面的代码中，在读取数据时，使用的是 BufferedReader 缓冲流的 readLine()方法，获取该行字符串并存储到 String 对象 s 里；在输出的时候，使用的是 BufferedWriter 缓冲流的 write(s)方法，把获取的字符串输出到 Vehicle2.java 文件。有一个地方需要注意，在每次调用 write(s)方法之后，要调用输出缓冲流的 newLine()方法写入一个分行符，否则所有内容将在同一行显示。

有些情况下，不是非要等到缓冲区满，才向文件系统写入。例如，在处理一些关键数据时，需要立刻将这些关键数据写入文件系统，这时则可以调用 flush()方法，手动刷新缓冲流（即将缓冲区中的数据强行从内存中清理到硬盘等其他地方）。另外，在关闭流时，也会自动刷新缓冲流中的数据，即 close()方法会自动调用 flush()方法。

flush()方法的作用就是刷新该流的缓冲。如果该流已保存缓冲区中各种 write()方法的所有字符，则立即将它们写入预期目标。如果该目标是另一个字符或字节流，也将其刷新。因此，一次 flush()调用将刷新 Writer 和 OutputStream 链中的所有缓冲区。

3.3.3　转换流

假设有这样的需求：使用一个输入字符缓冲流读取用户在命令行输入的一行数据。

分析这个需求，首先得知需要用输入字符缓冲流读取数据，我们想到了使用刚才学习的 BufferedReader 这个类。其次，需要获取的是用户在命令行输入的一行数据，通过之前的学习可以知道，System.in 是 InputStream 类（字节输入流）的静态对象，可以从命令行读取数据字节。现在问题出现了，需要把一个字节流转换成一个字符流。在此可以使用 InputStreamReader 和 OutputStreamWriter 这两个类来进行转换。

完成上面需求的代码详见程序清单 3.8（通过该段代码，可以了解如何将字节流转换成字符流）：

```
import java.io.BufferedReader;
import java.io.IOException;
import java.io.InputStreamReader;

public class TestByteToChar {
    public static void main(String[] args) throws IOException {
        BufferedReader in = null;
        try {
            //将字节流 System.in 通过 InputStreamReader 转换成字符流
            in = new BufferedReader(new InputStreamReader(System.in));
            System.out.print("请输入你今天最想说的话：");
            String s = in.readLine();
            System.out.println("你最想表达的是：" + s);
        } catch (IOException e) {
            System.out.println(e.getMessage());
        } finally {
            if (in != null) {
                in.close();
            }
```

```
            }
        }
    }
```

程序清单 3.8

3.3.4 数据流

数据流，简单来说就是允许流直接操作基本数据类型和字符串。

假设程序员使用整型数组 types 存储车型信息（1 代表轿车，2 代表卡车），用数组 names、oils、losss 和 others 分别存储车名、油量、车损度和品牌（或吨位）的信息。现要求使用数据流将数组信息存到数据文件 data 中，并从数据文件中读取数据，用来输出车辆信息。代码详见程序清单 3.9。

```
import java.io.*;
public class TestData{
    static final String dataFile = "C:\\cn\\lq\\zuche\\data";//数据存储文件
    //标识车类型：1 代表轿车，2 代表卡车
    static final int[] types = {1,1,2,2};
    static final String[] names = { "战神","跑得快","大力士","大力士二代"};
    static final int[] oils = {20,40,20,30};
    static final int[] losss = {0,20,0,30};
    static final String[] others = { "长城","红旗","5 吨","10 吨"};
    static DataOutputStream out = null;
    static DataInputStream in = null;

    public static void main(String[] args) throws IOException {
        try {
            //输出数据流，向 dataFile 输出数据
            out = new DataOutputStream(new BufferedOutputStream(new FileOutputStream(dataFile)));
            for (int i = 0; i < types.length; i++) {
                out.writeInt(types[i]);
                //使用 UTF-8 编码将一个字符串写入基础输出流
                out.writeUTF(names[i]);
                out.writeInt(oils[i]);
                out.writeInt(losss[i]);
                out.writeUTF(others[i]);
            }
        }finally {
            out.close();
        }
        try{
            int type,oil,loss;
            String name,other;
            //输出数据流，从 dataFile 读出数据
            in = new DataInputStream(new BufferedInputStream(new FileInputStream(dataFile)));
            while(true)
```

```
            {
                type = in.readInt();
                name = in.readUTF();
                oil = in.readInt();
                loss = in.readInt();
                other = in.readUTF();
                if(type == 1){
                    System.out.println("显示车辆信息：\n 车型：轿车 车辆名称为：" + name +
                        " 品牌是：" + other + " 油量是：" + oil + " 车损度为：" + loss);
                }else{
                    System.out.println("显示车辆信息：\n 车型：卡车 车辆名称为：" + name +
                        " 吨位是：" + other + " 油量是：" + oil + " 车损度为：" + loss);
                }
            }
        }catch(EOFException e){
            //EOFException 作为读取结束的标志
        }finally {
            in.close();
        }
    }
}
```

程序清单 3.9

编译并运行程序，运行结果如图 3.7 所示。

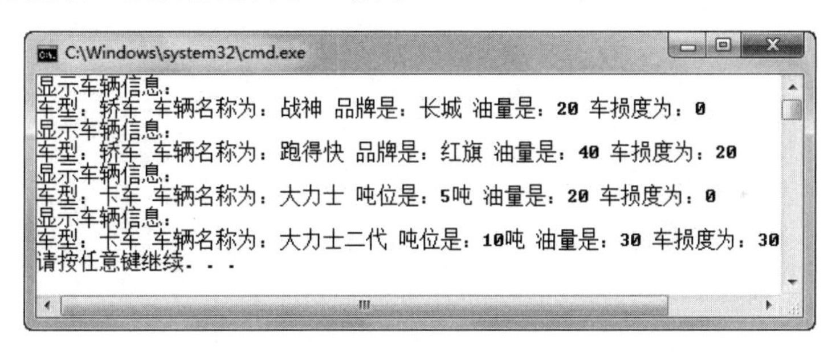

图 3.7　使用数据流存取车辆信息

3.4　XML 解析

XML 是可扩展标记语言（eXtensible Markup Language）的简称。XML 一经推出，就得到了 IT 行业巨头的响应，如今已被广泛使用。XML 独立于计算机平台、操作系统和编程语言，用来表示数据，简单、灵活、交互性好和可扩展这几个特点是其能被广泛使用的主要原因。

3.4.1　XML 简介

XML 的应用范围主要体现在以下几个方面：

（1）存储数据。

内存中的数据需要存储到文件中，才能在关闭系统或系统掉电之后通过文件进行恢复。现如今，用数据库存储数据这种方式使用得最为广泛。因为数据库管理系统不仅能存储数据，而且提供了众多的管理数据的功能，尤其对大量数据的操作，通常都使用数据库。XML 与数据库相比，最大的优势就是简单、通用。

（2）系统配置。

如今，许多系统的配置文件都使用 XML 文档。使用 XML 文档进行系统配置，配置修改时不需要重新编译，灵活性强。例如，接下来要学习的 Servlet，需要在 web.xml 文件中进行配置；Spring 的默认配置文件是 applicationContext.xml 等。

（3）数据交换。

在各个分散的应用系统里，因为其平台、系统、数据库、编程语言的差异，保存起来的数据往往只能被本系统调用，形成一个个信息孤岛。整合各个系统的数据信息，或者在两个或多个系统中进行数据交换，往往让 IT 人员非常烦躁。现在利用 XML 交互性好的特点，可以将各个信息孤岛的数据转换成标准的 XML 文件，通过这个标准的 XML 文件进行导入和导出，以达到交换数据的目的。

接下来先看一个 XML 文档，这个文档存放的是“租车系统”车辆信息，代码详见程序清单 3.10。

vehicles.xml 代码：

```
<?xml version = "1.0" encoding="UTF-8"?>
<!DOCTYPE vehicles SYSTEM "zcxt.dtd">
<vehicles>
        <cars>
                <car id="1">
                        <name>战神</name>
                        <oil>20</oil>
                        <loss>0</loss>
                        <brand>长城</brand>
                </car>
                <car id="2">
                        <name>跑得快</name>
                        <oil>40</oil>
                        <loss>20</loss>
                        <brand>红旗</brand>
                </car>
        </cars>
        <trucks>
                <truck id="3">
                        <name>大力士</name>
                        <oil>20</oil>
                        <loss>0</loss>
                        <load>5 吨</load>
                </truck>
                <truck id="4">
                        <name>大力士二代</name>
```

```
                <oil>30</oil>
                <loss>30</loss>
                <load>10 吨</load>
            </truck>
        </trucks>
    </vehicles>
```

程序清单 3.10

通过这个文档可以看出，XML 文档的标签（如<vehicles>、<trucks>、<car>、<name>等）可以是自定义的，具有可扩展性，这和之后将要学的 HTML 的标签是固定的不同。另外，HTML 的主要作用是通过标签和属性更好地显示数据，而 XML 是用来存储或交换数据用的，不记录数据的表现形式。

XML 文档总是以 XML 声明开始，即告知处理程序，本文档是一个 XML 文档。在 XML 声明中，通常包括版本、编码等信息，以“<?”开始，以“?>”结尾。

XML 文档由元素组成，一个元素由一对标签来定义，包括开始和结束标签，以及其中的内容。元素之间可以嵌套（但不能交叉），也就是说元素的内容里还可以包含元素。

标签可以有属性（属性值要加引号），如<car>标签和<truck>标签都有 id 这个属性。属性是对标签的进一步描述和说明，一个标签可以有多个属性，每个属性都有自己的名字和值，属性是标签的一部分。

3.4.2　DOM 解析 XML

上一小节提到过，XML 文档的应用范围主要有存储数据、系统配置和数据交换。也就是说，作为程序员，需要编写程序读取 XML 文档中的数据，或将数据写入 XML 文档。目前最常用的 XML 解析技术有 DOM 和 SAX。JDK 提供了 JAXP 来使用 DOM 和 SAX，其中，org.w3c.dom 是 W3C 推荐的用于使用 DOM 解析 XML 文档的接口；org.xml.sax 是使用 SAX 解析 XML 文档的接口；javax.xml.parsers 提供处理 XML 文档的类，支持 DOM 和 SAX。本章重点介绍 DOM 解析，对 SAX 解析方法仅进行简要介绍，不展开讲解。

DOM（Document Object Model）是 XML 文档的应用程序接口，它定义了对 XML 文档进行随机访问与操作的方法。DOM 是一个与语言无关、与平台无关的标准接口规范。利用 DOM，程序开发人员可以动态地创建 XML 文档，遍历文档结构，添加、修改、删除文档内容，改变文档的显示方式等。可以这样说，文档代表的是数据，而 DOM 则代表了如何去处理这些数据。

DOM 把一个 XML 文档映射成一个分层对象模型，而这个层次的结构是一棵根据 XML 文档生成的节点树。DOM 在对 XML 文档进行分析之后，不管这个文档有多简单或多复杂，其中的信息都会被转化成一棵对象节点树。在这棵节点树中，有一个根节点，其他所有的节点都是根节点的子节点。节点树生成之后，就可以通过 DOM 接口访问、修改、添加、删除树中的节点或内容了。

对 DOM 树的操作，主要通过以下几个接口：

1．Node 接口

Node 接口在整个 DOM 树中具有举足轻重的地位。DOM 接口中有很大一部分接口是从 Node 接口继承过来的，例如，Document（根节点）、Element（元素）、Attr（属性）、Comment（注释）、Text（元素或属性的文本内容）等接口都是从 Node 继承过来的。在 DOM 树中，Node

接口代表了树中的一个节点。Node 接口的常用方法如下：

（1）NodeList getChildNodes()：返回此节点的所有子节点的 NodeList。

（2）Node getFirstChild()：返回此节点的第一个子节点。

（3）Node getLastChild()：返回此节点的最后一个子节点。

（4）Node getNextSibling()：返回此节点之后的节点。

（5）Node getPreviousSibling()：返回此节点之前的节点。

（6）Document getOwnerDocument()：返回与此节点相关的 Document 对象。

（7）Node getParentNode()：返回此节点的父节点。

（8）short getNodeType()：返回此节点的类型。

（9）String getNodeName()：根据此节点类型返回节点名称。

（10）String getNodeValue()：根据此节点类型返回节点值。

前面已经提到，DOM 中很多接口都是从 Node 接口继承过来的，所以 Node 接口拥有的方法这些接口都可以使用。但是这些从 Node 接口继承下来的接口又都各有特性，所以 Node 接口拥有的方法在各个子接口上的返回值含义不尽相同。例如，Element（元素接口）的 getNodeType()的返回值为 Node.ELEMENT_NODE 常量；getNodeName()的返回值为标签名称；getNodeValue()的返回值为 null。如表 3.1 所示，nodeName、nodeValue 和 attributes 的值将根据接口类型的不同而不同，这对于 XML 解析的初学者而言是个难点，请大家务必结合后面的例子深刻理解。

表 3.1　Node 子接口属性值

Interface	nodeName	nodeValue	attributes
Attr	与 Attr.name 相同	与 Attr.value 相同	null
CDATASection	"#cdata-section"	与 CharacterData.data 相同：CDATA 节的内容	null
Comment	"#comment"	与 CharacterData.data 相同：该注释的内容	null
Document	"#document"	null	null
DocumentFragment	"#document-fragment"	null	null
DocumentType	与 DocumentType.name 相同	null	null
Element	与 Element.tagName 相同	null	NamedNodeMap
Entity	entity name	null	null
EntityReference	引用的实体名称	null	null
Notation	notation name	null	null
ProcessingInstruction	与 ProcessingInstruction.target 相同	与 ProcessingInstruction.data 相同	null
Text	"#text"	与 CharacterData.data 相同：该文本节点的内容	null

（1）String getTextContent()：返回此节点的文本内容。

（2）void setNodeValue(String nodeValue)：根据此节点类型设置节点值。

（3）void setTextContent(String textContent)：设置此节点的文本内容。

（4）Node appendChild(Node newChild)：将节点 newChild 添加到此节点的子节点列表的末尾。

（5）Node insertBefore(Node newChild,Node refChild)：在现有子节点 refChild 之前插入节点 newChild。

（6）Node removeChild(Node oldChild)：从子节点列表中移除 oldChild 所指示的子节点，并将其返回。

（7）Node replaceChild(Node newChild, oldChild)：将子节点列表中的子节点 oldChild 替换为 newChild，并返回 oldChild 节点。

2．Document 接口

Document 接口表示 DOM 树中的根节点，即对 XML 文档进行操作的入口节点。通过 Document 节点，可以访问到文档中的其他节点。Document 接口的常用方法如下：

（1）Element getDocumentElement()：返回代表这个 DOM 树根节点的 Element 对象。

（2）NodeList getElementsByTagName(String tagname)：按文档顺序返回包含在文档中且具有给定标记名称的所有 Element 的 NodeList。

3．NodeList 接口

NodeList 接口提供了对节点集合的抽象定义，包含了一个或多个节点（Node）的有序集合。NodeList 接口的常用方法如下：

（1）int getLength()：返回有序集合中的节点数。

（2）Node item(int index)：返回有序集合中的第 index 个项。

使用 DOM 解析 XML，需要经过以下几个步骤：

（1）创建解析器工厂，即 DocumentBuilderFactory 对象。

（2）通过解析器工厂获得 DOM 解析器，即 DocumentBuilder 对象。

（3）解析指定 XML 文档，得到 DOM 节点树。

（4）对 DOM 节点树进行操作，完成对 XML 文档的增、删、改、查。

下面使用 DOM 对之前编写的用于存放“租车系统”车辆信息的 vehicles.xml 文档进行解析，并输出“租车系统”中有几种类型的车，“租车系统”中有几辆卡车，并详细输出每辆卡车的 id 属性及详细信息。程序运行结果如图 3.8 所示。

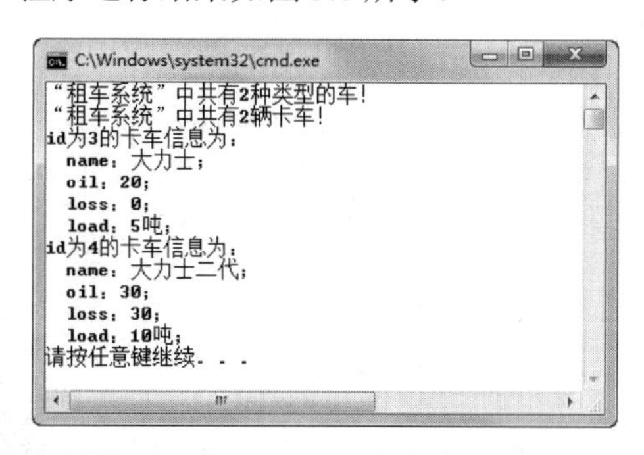

图 3.8　使用 DOM 解析 vehicles.xml

代码详见程序清单 3.11（需要大家认真阅读代码中的注释，理解其含义）：

```
import java.io.*;
import javax.xml.parsers.*;
```

```
import org.w3c.dom.*;
import org.xml.sax.SAXException;
public class TestDOM {
        public static void main(String[] args) {
                try {
                        //创建解析器工厂
                        DocumentBuilderFactory dbf = DocumentBuilderFactory.newInstance();
                        //通过解析器工厂获得 DOM 解析器
                        DocumentBuilder db = dbf.newDocumentBuilder();
                        //解析指定 XML 文档，得到 DOM 节点树
                        //本例中的 vehicles.xml 文件与 src 目录处于同一级目录中
                        Document doc = db.parse("vehicles.xml");
                        //得到根节点
                        NodeList vehicles = doc.getChildNodes().item(0);
                        //获取根节点的所有子节点
                        NodeList vChildNodes=vehicles.getChildNodes();
                        //统计根节点的子节点个数
                        int count=0;
                        for(int i=0;i<vChildNodes.getLength();i++){
                        if(vChildNodes.item(i).getNodeType()==Node.ELEMENT_NODE){
                                count ++;
                        }
                }
                        System.out.println("“租车系统”中共有" + count + "种类型的车！");
                        //得到所有<truck>节点列表信息
                        NodeList truckList = doc.getElementsByTagName("truck");
                        System.out.println("“租车系统”中共有" + truckList.getLength() + "辆卡车！");
                        //遍历所有卡车
                        for (int i = 0; i < truckList.getLength(); i++) {
                                //获取索引为 i 的卡车
                                Node truck = truckList.item(i);
                                //获取卡车属性值并显示
                                Element element = (Element) truck;
                                String idValue = element.getAttribute("id");
                                //以下通过属性名获得属性节点，再通过 getNodeValue()获得属性值
                                //Node attr = element.getAttributeNode("id");
                                //String idValue = attr.getNodeValue();
                                System.out.println("id 为" + idValue + "的卡车信息为：");
                                //获取索引为 i 的卡车详细信息并输出
                                for (Node node = truck.getFirstChild(); node != null; node = node.getNextSibling()) {
                                        //根据节点类型进行判断，显示元素节点信息，如 <oil>20</oil>
                                        if (node.getNodeType() == Node.ELEMENT_NODE){
                                                //元素节点的节点名为标签名，如 oil
                                                String name = node.getNodeName();
                                                //元素节点<oil>20</oil>下第一个子节点为文本节点 20，得到节点值 20
                                                String value = node.getFirstChild().getNodeValue();
                                                System.out.println("    " + name + "：" + value + "；");
```

```
                    }
                }
            }
        } catch (ParserConfigurationException e) {
            e.printStackTrace();
        } catch (SAXException e) {
            e.printStackTrace();
        } catch (IOException e) {
            e.printStackTrace();
        }
    }
}
```

程序清单 3.11

在上面的代码中，用到了根节点、属性节点、元素节点和文本节点，它们的 nodeName、nodeValue 和 attributes 的值含义各不相同，需要注意。

3.4.3　SAX 解析 XML

与 DOM 相比较，SAX（Simple API for XML）是一种速度更快、更有效的解析 XML 文档的方法。它不需要一次性建立一个完整的 DOM 树，而是读取文档时激活事件进行处理。

DOM 是 W3C 标准，提供的是标准的解析方式，但其解析效率一直不尽如人意。这是因为 DOM 解析 XML 文档时，把所有内容一次性装载入内存，并构建一个驻留在内存中的节点树。如果需要解析的 XML 文档过大，或者只对该文档中的一部分内容感兴趣，这种做法就会引起性能问题。

SAX 既是一个接口，也是一个软件包。SAX 在解析 XML 时是事件驱动型的，它的工作原理简单地说就是对文档进行顺序扫描，当扫描到文档开始与结束、元素开始与结束等地方时通知事件处理程序，由事件处理程序做相应动作，然后继续同样的扫描，直至文档结束。SAX 的缺点也很明显，要用 SAX 对 XML 文档进行解析时，就要实现多个事件处理程序，用来处理可能触发的事件，对程序员而言操作起来相对复杂。

为了快速地掌握 SAX 解析方式，现删除 vehicles.xml 中的 trucks 节点，即只保留 cars 节点，然后通过以下代码解析每一个 car 子节点。代码详见程序清单 3.12。

```
import org.xml.sax.*;
import javax.xml.parsers.*;
import java.io.*;

public class SAXParseXML extends DefaultHandler {
    private String tagName;

    //开始解析 XML 文件 （只执行一次）
    @Override
    public void startDocument() throws SAXException {
        System.out.println("SAX 解析开始...");
    }
```

```
        //解析 XML 文件 结束（只执行一次）
        @Override
        public void endDocument() throws SAXException {
            System.out.println("SAX 解析结束...");
        }


        //开始解析 XML 元素（执行多次）
        @Override
        public void startElement(String uri, String localName, String qName, Attributes attributes) throws
SAXException {
            if (qName.equals("car")) {
                int id = Integer.parseInt(attributes.getValue(0));
                System.out.println(id);
            }
            this.tagName = qName;
        }

        //结束 解析 XML 元素（执行多次）
        @Override
        public void endElement(String uri, String localName, String qName) throws SAXException {
            if (qName.equals("car")) {
                System.out.println("一个 car 标签解析完毕");
            }
            this.tagName = null;
        }

        //在 startElement、endElement 之间调用多次
        @Override
        public void characters(char[] ch, int start, int length) throws SAXException {
            if (this.tagName != null) {
                String data = new String(ch, start, length);//ch[] -> String
                if (this.tagName.equals("name")) {
                    System.out.print(data+"\t");
                }
                if (this.tagName.equals("oil")) {
                    System.out.print(Integer.parseInt(data)+"\t");
                }

                if (this.tagName.equals("loss")) {
                    System.out.print(Integer.parseInt(data)+"\t");
                }

                if (this.tagName.equals("brand")) {
```

```
                    System.out.println(data);
                }

            }
        }

        public static void main(String[] args) throws Exception {
            SAXParser parser = SAXParserFactory.newInstance().newSAXParser();
            InputStream in = Test.class.getClassLoader().getResourceAsStream("vehicles.xml") ;
            SAXParseXML saxParseXML = new SAXParseXML();
            parser.parse(in, saxParseXML);
        }
    }
```

程序清单 3.12

由此可见，在编码时，SAX 解析方式需要继承 DefaultHandler 类，然后重写该类的方法。

3.5 本章小结

本章介绍了 I/O 和 XML 等可用于持久化的相关内容，具体如下。

（1）I/O 按照类型分类，可以分为字节流、字符流等；按照流向分类，可以分为输入流和输出流。其中，“输入”和“输出”的方向，是以内存为参照点的。

（2）File 类生成的对象代表一个特定的文件或目录，并且 File 类提供了若干方法对这些文件或目录进行读、写等各种操作，File 类及本章讲解的大部分流都在 java.io 包下。

（3）一个流，必有源端和目的端，它们可以是计算机内存的某些区域，也可以是磁盘文件，甚至可以是 Internet 上的某个 URL。对于流而言，不用关心数据是如何传输的，只需要从源端输入数据（读），向目的端输出数据（写）。

（4）JDK 从 1.5 版开始，增加了静态导入的特性，用来导入指定类的某个静态属性或静态方法，或全部的静态属性或静态方法。静态导入使用“import static”语句。

（5）输入字节流类继承自抽象类 InputStream，输出字节流类继承自抽象类 OutputStream；读取字符流类继承自抽象类 Reader，写入字符流类继承自抽象类 Write。

（6）字节流可以处理任何类型的文件，而字符流常用于处理以文字形式存储的文本文件，如.txt 等。

（7）缓冲流的目的是让原字节流、字符流新增缓冲的功能；转换流可以对一些不同类型的流进行类型转换；数据流允许流直接操作基本数据类型和字符串。

（8）I/O 内容的底层实际模式是装饰器模式，装饰器模式要求包装类和被包装类属于同一个继承体系，并且包装后外观（API）未变，但功能得到了增强。

（9）XML 可以用于储存数据、系统配置和数据交换，并通过 DOM 和 SAX 等方式进行解析。

（10）XML 可以通过 DOM 和 SAX 的方式进行解析。DOM 把一个 XML 文档映射成一个分层的对象模型进行解析，而 SAX 是基于事件驱动的。

3.6 本章练习

单选题

（1）在 Java 中，（　　）类生成的对象就代表一个特定的文件或目录，并且该类提供了若干方法可以对这个文件或目录进行读、写等各种操作。

A．FileInputStream　　B．FileReader　　C．FileWriter　　D．File

（2）以下说法中不正确的是（　　）。

A．InputStream 与 OutputStream 类通常用来处理字节流，也就是二进制文件。

B．Reader 与 Writer 类则是用来处理字符流，也就是纯文本文件。

C．Java 中 IO 流的处理通常分为输入和输出两个部分。

D．File 类是输入/输出流类的子类。

（3）在 Java 的以下代码中，（　　）正确地创建了一个 InputStreamReader 对象。

A．new InputStreamReader(new FileInputStream("1.dat"));

B．new InputStreamReader(new FileReader("1.dat"));

C．new InputStreamReader(new BufferReader("1.dat"));

D．new InputStreamReader ("1.dat");

（4）关于 Java I/O 程序设计，下列描述中正确的是（　　）。

A．OutputStream 用于写操作。

B．InputStream 用于写操作。

C．“BufferedOutputStream bos = new BufferedOutputStream(new FileOutputStream(...)) ;”在这句代码的底层，主要使用的是设计模式中的单例模式。

D．Reader 和 Writer 用于二进制的读和写。

（5）以下哪个不属于 XML 的主要应用范围？（　　）

A．存储少量数据　　B．系统配置　　C．数据交换　　D．即时通信

第 4 章

Java 反射机制

本章简介

本章介绍 Java 反射机制。Java 反射机制可以在程序运行时动态获取类的信息，并动态创建对象实例、改变属性值和调用方法等。反射机制与之前学习的 Java 相关知识在使用上有一定的区别，例如，之前是通过 new 创建对象的，而反射则是通过 Class 类和 java.lang.reflect 包中的相关 API 创建对象的，并且使用反射机制可以获取其他类中用 private 修饰的成员。

4.1 反射机制概述

Java 反射（Reflection）是指 Java 程序在运行时，可以动态地加载、探知、使用编译期间完全未知的类。也就是说，Java 程序可以加载一个运行时才得知类名的类，获得类的完整构造方法并实例化出对象，给对象属性设定值或者调用对象的方法等。这种在运行时动态获取类的信息以及动态调用对象方法的功能称为 Java 反射机制。在初次学习反射概念时，大家往往很难理解其中的要义，接下来通过一个案例对其进行说明。

在“租车系统”中，编写过一个驾驶员（租车者）Driver 类，这个类有一个 drive(Vehicle v)方法，输入参数类型为 Vehicle，通过这个方法显示指定车辆 v 的信息。改造一下之前的代码，将 Driver 类作为程序入口类，代码如程序清单 4.1 所示。

```
public class Driver {
    String name = "驾驶员";

    public Driver(String name) {
        this.name = name;
    }

    public static void main(String[] args) {
        Car car = new Car("战神", "长城");
        Driver d1 = new Driver("柳海龙");
        d1.drive(car);
    }
```

```
        //编译时知道需要传入的参数是 Vehicle 类型
        public void drive(Vehicle v) {
            v.drive();//调用 Vehicle 类的相关方法
        }
}
```

程序清单 4.1

很显然，程序员在编码时就已经确定 Driver 类的 drive(Vehicle v)方法中输入参数类型为 Vehicle，因此，可以在该方法内部调用 Vehicle 对象的 drive()方法。但是，如果在编译时并不知道传入参数的类型是什么，就需要使用反射机制。

例如，有这样的需求，程序在运行时要求用户输入一个字符串形式的 Java 类全名，然后需要程序列出这个 Java 类的所有方法。换句话说，现在是想通过一个字符串获得该字符所代表 Java 类的所有方法，该如何实现呢？下面使用反射实现这一功能，代码详见程序清单 4.2。

```
class TestRef {
    public static void main(String[] args) {
        Scanner input = new Scanner(System.in);
        System.out.print("请输入一个 Java 类全名：");
        String cName = input.next();
        showMethods(cName);
    }

    public static void showMethods(String name) {
        try {
            Class c = Class.forName(name);
            Method m[] = c.getDeclaredMethods();
            System.out.print("该 Java 类的方法有：");
            for (int i = 0; i < m.length; i++) {
                System.out.println(m[i].toString());
            }
        } catch (Exception e) {
            e.printStackTrace();
        }
    }
}
```

程序清单 4.2

编译并运行程序，在运行时分别输入“java.lang.Object”和“cn.lanqiao.zuche.Car”，运行结果如图 4.1 和图 4.2 所示，结果中列出了 Object 类和 Car 类的所有方法。

可见，当用户输入类名的时候，程序能自动给用户列出这个类的所有方法，这种功能就是通过反射实现的。实际上，类似的效果大家以前应该都已经体会过了，在使用 Eclipse 时，当开发者定义了一个类 Car，里面写了一些方法，再创建 Car 类对象 car 并输入“car.”时，Eclipse 会弹出 car 对象可用的方法供程序员选择，这些都是反射机制最常见的例子。

```
C:\Windows\system32\cmd.exe
请输入一个Java类全名：java.lang.Object
该Java类的方法有：
protected void java.lang.Object.finalize() throws java.lang.Throwable
public final native void java.lang.Object.wait(long) throws java.lang.InterruptedException
public final void java.lang.Object.wait() throws java.lang.InterruptedException
public final void java.lang.Object.wait(long,int) throws java.lang.InterruptedException
public boolean java.lang.Object.equals(java.lang.Object)
public java.lang.String java.lang.Object.toString()
public native int java.lang.Object.hashCode()
public final native java.lang.Class java.lang.Object.getClass()
protected native java.lang.Object java.lang.Object.clone() throws java.lang.CloneNotSupportedException
private static native void java.lang.Object.registerNatives()
public final native void java.lang.Object.notify()
public final native void java.lang.Object.notifyAll()
请按任意键继续. . .
```

图 4.1　Object 类的所有方法

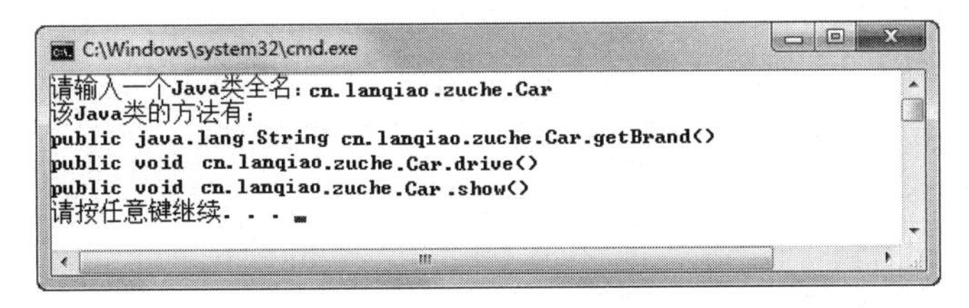

图 4.2　Car 类的所有方法

反射机制一般在框架中使用较多，而在初级阶段应用得比较少。

4.2　Class 类

在 JDK 中，Class 类存在于 java.lang 包中，其余反射相关的类都存在于 java.lang.reflect 包中。反射机制允许通过编程访问关于加载类的属性、方法和构造方法的信息，并允许使用反射对属性、方法和构造方法进行操作。java.lang 包中的 Class 类和 java.lang.reflect 包中的 Method 类、Field 类、Constructor 类、Array 类将是本章重点介绍的内容。

4.2.1　Class 类简介

Class 类是使用 Java 反射机制的入口，封装了一个类或接口的运行时信息，开发者通过调用 Class 类的方法可以获取这些信息。例如，可以通过 Class 中的 getDeclaredMethods()方法获取类的所有方法。以下列举了获取 Class 对象的几种方法：

（1）Class.forName("全类名")：将传入字符串形式的全类名转为反射的入口 Class 对象。语法结构如下：

```
Class c = Class.forName("java.lang.Object");
```

（2）类名.class：通过类名定义反射的入口 Class 对象。语法结构如下：

```
Class c = Car.class;
```

（3）包装类.TYPE：通过包装类提供的 TYPE 属性，定义反射的入口 Class 对象。语法结构如下：

```
Class c = Integer.TYPE;
```

（4）对象名.getClass()：通过 Object 基类中的 getClass()方法，定义反射的入口 Class 对象。语法结构如下：

```
String name="大力士";
Class c = name.getClass();
```

（5）Class 对象.getSuperClass()：通过 Class 类中的 getSuperClass()方法，定义反射的入口 Class 对象。语法结构如下：

```
Class c = String.class. getSuperClass();
```

这里务必要注意，只有通过 Class 对象.getSuperClass()方法才能获得 Class 类的父类的 Class 对象。

下面通过一个案例来演示如何通过以上几种方式获取 Class 类对象，代码详见程序清单 4.3，程序运行结果如图 4.3 所示。

```
import java.lang.reflect.*;
public class TestClass{
    public static void main(String[] args) {
        //如果将要建模的类的类型未知，用 Class<?>表示
        Class<?> c1 = null;
        Class<?> c2 = null;
        Class<?> c3 = null;
        Class<?> c4 = null;
        Class<?> c5 = null;
        try{
            //建议采用这种形式
            c1 = Class.forName("java.lang.Object");
        }catch(Exception e){
            e.printStackTrace();
        }
        c2 = new TestClass().getClass();
        c3 = TestClass.class;
        String name = new String("大力士");
        c4 = name.getClass();
        c5 = name.getClass().getSuperclass();
        System.out.println("Class.forName(\"java.lang.Object\") 类名称:" + c1.getName());
        System.out.println("new TestClass().getClass() 类名称:" + c2.getName());
        System.out.println("TestClass.class 类名称:" + c3.getName());
        System.out.println("String name = \"大力士\"");
        System.out.println("name.getClass() 类名称:" + c4.getName());
        System.out.println("name.getClass().getSuperclass() 类名称:" + c5.getName());
    }
}
```

程序清单 4.3

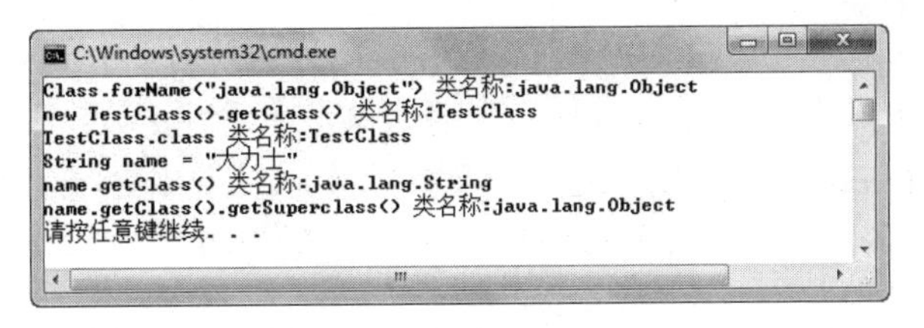

图 4.3　获取 Class 类对象

4.2.2　Class 类常用方法

以下列举了 Class 类的一些常用方法，在本章的案例中，这些方法将会被频繁地使用。

（1）Field[] getFields()：返回一个包含 Field 对象的数组，存放该类或接口的所有符合访问修饰符要求的公共属性（含继承而来的属性）。

（2）Field[] getDeclaredFields()：返回一个包含 Field 对象的数组，存放该类或接口中 private 等 4 种访问修饰符修饰的所有属性（不含继承而来的属性）。可见，该方法可以突破访问修饰符的限制。

（3）Method[] getMethods()：返回一个包含 Method 对象的数组，数组中存放的是该类及父类（或父接口）中用 public 修饰的方法。

（4）Method[] getDeclaredMethods()：返回一个包含 Method 对象的数组，存放该类（或接口）中 private 等 4 种访问修饰符修饰的所有方法（不含父类或父接口中定义的方法）。可见，该方法也可以突破访问修饰符的限制。

（5）Constructor[] getConstructors()：返回一个包含 Constructor 对象的数组，存放该类中所有用 public 修饰的公共构造方法。

（6）Constructor getConstructor(Class[] args)：返回一个指定参数列表的 Constructor 对象。

（7）Class[] getInterfaces()：返回一个包含 Class 对象的数组，存放该类或接口实现的接口。

（8）T newInstance()：使用无参构造方法创建该类的一个新实例。

（9）String getName()：以 String 的形式返回该类（类、接口、数组类、基本类型或 void）的完整名。

4.3　获取运行时信息

通过介绍 Class 类的常用方法可以发现，Class 类的一些方法会返回 Method、Field、Constructor 等对象。接下来将使用这些对象获取 Class 类的方法、属性、构造方法等方面的信息。

4.4.1　获取方法信息

通过 Class 类的 getMethods()方法、getDeclaredMethods()方法、getMethod(String name, Class[] args)方法和 getDeclaredMethod(String name, Class[] args)方法等，程序员可以获得对应类的特定方法组或方法，返回值为 Method 对象数组或 Method 对象。接下来通过一个案例来演示如何详细获取一个类的所有方法的信息（方法名、参数列表和异常列表），代码详见程序清单 4.4。

```
import java.lang.reflect.*;
public class TestMethod {
    public static void main(String args[]) {
        try {
            Class c = Class.forName("org.w3c.dom.NodeList");
            //返回 Method 对象数组，存放该类或接口的所有方法（不含继承的）
            Method mlist[] = c.getDeclaredMethods();
            System.out.println("NodeList 类 getDeclaredMethods()得到的方法如下：");
            //遍历所有方法
            for (int i = 0; i < mlist.length; i++) {
                System.out.println("******************************************");
                Method m = mlist[i];
                System.out.println("方法" + (i + 1) + "名称为：" + m.getName());//得到方法名
                System.out.println("该方法所在的类或接口为：" + m.getDeclaringClass());
                //返回 Class 对象数组，表示 Method 对象所表示的方法的形参类型
                Class ptl[] = m.getParameterTypes();
                for (int j = 0; j < ptl.length; j++)
                    System.out.println("形参" + (j + 1) + " 类型为：" + ptl[j]);
                //返回 Class 对象数组，表示 Method 对象所表示的方法的异常列表
                Class etl[] = m.getExceptionTypes();
                for (int j = 0; j < etl.length; j++)
                    System.out.println("异常" + (j + 1) + " 类型为：" + etl[j]);
                System.out.println("返回值类型为：" + m.getReturnType());
            }
        } catch (Exception e) {
            e.printStackTrace();
        }
    }
}
```

程序清单 4.4

为了方便演示，这里仅选择了两个方法的 org.w3c.dom.NodeList 接口，演示如何获取方法信息。案例中使用了 Method 类的 getName()、getDeclaringClass()、getParameterTypes()、getExceptionTypes()、getReturnType()方法，作用分别为获得方法名称、方法所在的类或接口名、方法的参数列表、方法的异常列表以及方法的返回值类型。

程序运行结果如图 4.4 所示。

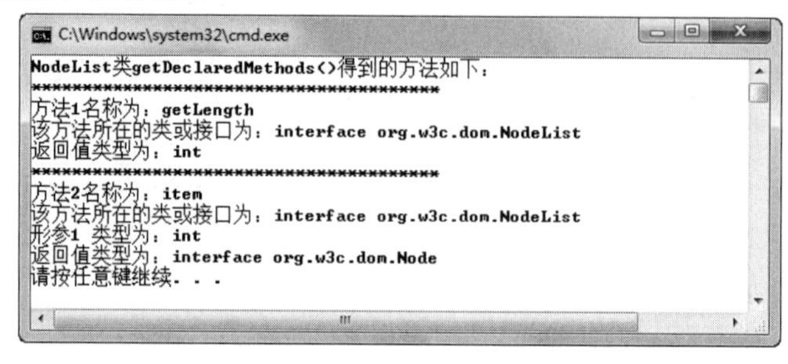

图 4.4　获取类方法的详细信息

接下来在上面案例的基础上，说明 Class 类的 getDeclaredMethods()方法和 getMethods()方法的区别。先创建 Sub 和 Super 两个类，其中 Sub 是继承自 Super 的子类，每个类中都有 4 种不同访问权限的方法。代码如程序清单 4.5 所示。

```
public class Sub extends Super {
    private int subPri = 11;
    int subPac = 12;
    protected double subPro = 13;
    public String subPub = "14";

    private void subPrivate() {
    }

    int subPackage() {
        return subPac;
    }

    protected double subProtected() {
        return subPro;
    }

    public String subPublic() {
        return subPub;
    }
}

class Super {
    private int supPri = 1;
    int supPac = 2;
    protected double supPro = 3;
    public String supPub = "4";

    private void supPrivate() {
    }

    int supPackage() {
        return supPac;
    }

    protected double supProtected() {
        return supPro;
    }

    public String supPublic() {
        return supPub;
    }
}
```

程序清单 4.5

修改 TestMethod 类代码，将装入类从 org.w3c.dom.NodeList 改为 Sub，运行程序，观察 Sub 类的 Class 对象调用 getDeclaredMethods()方法，获得了 Sub 类的哪些方法。程序运行结果如图 4.5 所示。

图 4.5　getDeclaredMethods()方法获得的方法

从运行结果可以看出，Class 类的 getDeclaredMethods()方法获得了 Class 所表示的 Sub 类的 private 等全部修饰符修饰的方法，但不包括继承而来的方法。若将 TestMethod 代码中的 getDeclaredMethods()方法再改为 getMethods()，则程序运行结果如图 4.6 所示。

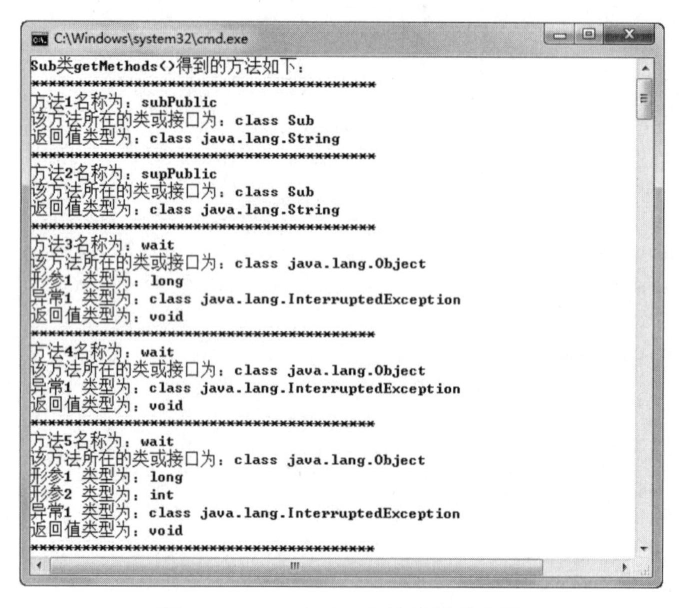

图 4.6　getMethods()方法获得的方法

从运行结果可以看出，TestMethod 类无法访问用 private、默认修饰符或 protected 修饰的方法，但可以访问子类 Super 及父类 Sup 中用 public 修饰的方法。因此可知，使用 Class 类的 getMethods()方法获取的是 Class 所表示的 Sub 类及其父类中所有的公共方法（即 public 修饰的方法）。这就是 getDeclaredMethods()方法和 getMethods()方法的主要区别。

4.4.2　获取属性信息

通过 4.4.1 小节的学习，已经以数组形式获得了 Class 对象的方法列表，并通过操作这些方法数组里的 Method 对象获取方法的详细信息。显然，一个类除了有方法外，剩下最重要的部分应该就是属性了。接下来通过一个案例来演示如何获取 Sub 类的相关属性，代码详见程序清单 4.6。

```
import java.lang.reflect.Field;
import java.lang.reflect.Modifier;
import java.util.Scanner;

public class TestField {
    public static void main(String args[]) {
        try {
            Class c = Class.forName("Sub");
            Scanner input = new Scanner(System.in);
            System.out.print("请输入你想获取 Sub 类的哪个属性的类型：");
            String name = input.next();
            //通过指定属性名获取属性对象
            Field sf = c.getDeclaredField(name);
            //得到属性类型
            System.out.println("Sub 类" + name + "属性的类型为：" + sf.getType());
            System.out.println("*******************************************");
            //返回 Field 对象数组，存放该类或接口的所有属性（不包含父类或父接口中的方法）
            Field flist[] = c.getDeclaredFields();
            System.out.println("Sub 类 getDeclaredFields()得到的属性如下：");
            //遍历所有属性
            for (int i = 0; i < flist.length; i++) {
                System.out.println("*******************************************");
                Field f = flist[i];
                System.out.println("属性" + (i + 1) + "名称为：" + f.getName());        //得到属性名
                System.out.println("该属性所在的类或接口为：" + f.getDeclaringClass());
                System.out.println("该属性的类型为：" + f.getType());                   //得到属性类型
                //以整数形式返回由此 Field 对象表示的属性的 Java 访问权限修饰符
                int m = f.getModifiers();
                //使用 Modifier 类对表示访问权限修饰符的整数进行解码显示
                System.out.println("该属性的修饰符为：" + Modifier.toString(m));
            }
        } catch (Exception e) {
            e.printStackTrace();
        }
    }
}
```

程序清单 4.6

案例中使用了 Field 类的 getType()方法获取属性的类型，使用 getName()方法获取属性名，

使用 getDeclaringClass()方法获取属性所在的类或接口名称，使用 getModifiers()方法获取以整数形式返回由此 Field 对象表示的属性的 Java 访问权限修饰符，并通过 Modifier.toString(m)获取 Java 访问权限修饰符字符串结果。

程序运行结果如图 4.7 所示。注意：程序中首先使用了 getDeclaredField(name)方法获取了指定属性名的属性对象。并且，getDeclaredFields()与 getFields()方法的区别，类似于 getDeclaredMethods()与 getMethods()方法的区别，只不过前者是获取属性，而后者是获取方法。将程序中的 getDeclaredFields()方法改为 getFields()方法，再次编译并运行，程序运行结果如图 4.8 所示。

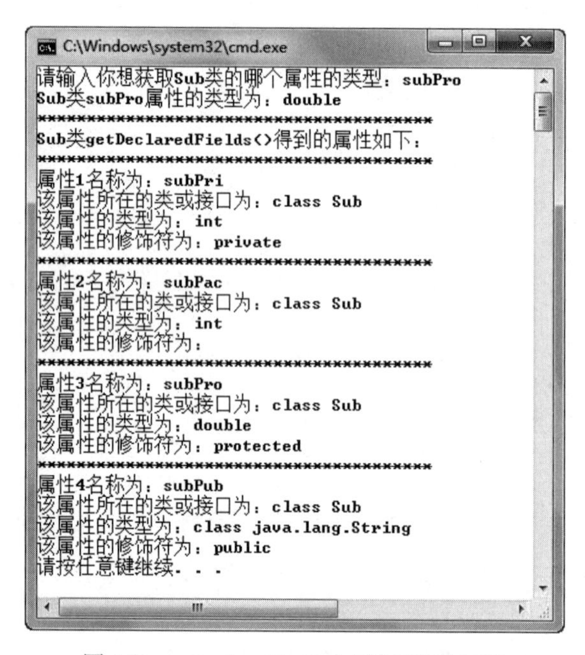

图 4.7　getDeclaredFields()方法获得的属性

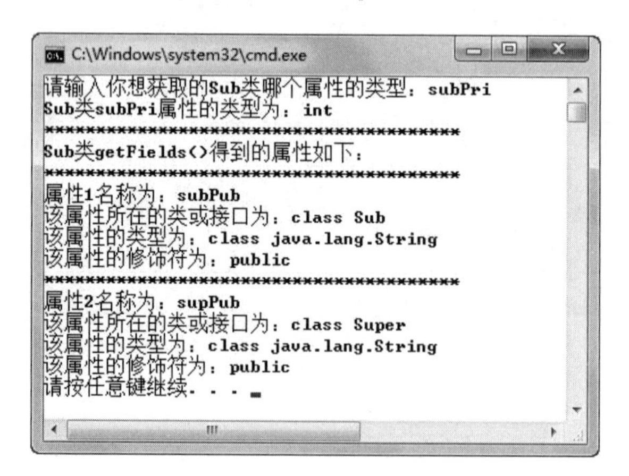

图 4.8　getFields()方法获得的属性

4.4.3　获取构造方法信息

通过 Class 类可以获得属性和方法，但是 getDeclaredMethods()和 getMethods()等获取方

法的方法只能获得普通方法，不能获得类的构造方法。接下来，通过 Class 类的 getConstructors() 方法和 getDeclaredConstructors()方法，获得对应类的构造方法，返回值为 Constructor 对象数组。下面首先改造 Sub 类，代码如程序清单 4.7 所示。

```
public class Sub extends Super {
    public Sub() {
    }

    public Sub(int pri, int pac, double pro, String pub) {
        this.subPri = pri;
        this.subPac = pac;
        this.subPro = pro;
        this.subPub = pub;
    }

    protected Sub(int pri, int pac, double pro) {
        this(pri, pac, pro, "14");
    }

    Sub(int pri, int pac) throws Exception {
        this(pri, pac, 13.0, "14");
    }

    private Sub(int pri) {
        this(pri, 12, 13.0, "14");
    }

    private int subPri = 11;
    int subPac = 12;
    protected double subPro = 13;
    public String subPub = "14";
}

class Super {
    public Super() {
    }

    public Super(int pri, int pac, double pro, String pub) {
        this.supPri = pri;
        this.supPac = pac;
        this.supPro = pro;
        this.supPub = pub;
    }

    protected Super(int pri, int pac, double pro) {
        this(pri, pac, pro, "4");
    }
```

```
        Super(int pri, int pac) throws Exception {
            this(pri, pac, 3.0, "4");
        }

        private Super(int pri) {
            this(pri, 2, 3.0, "4");
        }

        private int supPri = 1;
        int supPac = 2;
        protected double supPro = 3;
        public String supPub = "4";
    }
```

程序清单 4.7

Sub 类仍然继承 Super 类，每个类中都有一个无参构造方法和 4 个具有不同访问权限的有参构造方法。通过 Class 类获取构造方法的代码如程序清单 4.8 所示。

```
    import java.lang.reflect.*;
    public class TestConstructor {
        public static void main(String args[]) {
            try {
                Class c = Class.forName("Sub");
                //返回 Constructor 对象数组，存放该类或接口的所有构造方法（不包含父类或父接口中的
方法）
                Constructor clist[] = c.getDeclaredConstructors();
                //返回 Constructor 对象数组，存放该类或接口的所有公共构造方法（包含父类或父接口中
的方法）

                //Constructor clist[] = c.getConstructors();
                System.out.println("Sub 类 getDeclaredConstructors()得到的构造方法如下：");
                int i = 0;
                //遍历所有构造方法
                for (Constructor con : clist) {
                    System.out.println("****************************************");
                    System.out.println("构造方法" + (i + 1) + "名称为：" + con.getName());//得到方法名
                    System.out.println("该构造方法所在的类或接口为：" + con.getDeclaringClass());
                    //返回 Class 对象数组，表示 Constructor 对象所表示的构造方法的形参类型
                    Class ptl[] = con.getParameterTypes();
                    for (int j = 0; j < ptl.length; j++)
                        System.out.println("形参" + (j + 1) + " 类型为：" + ptl[j]);
                    //返回 Class 对象数组，表示 Constructor 对象所表示的方法的异常列表
                    Class etl[] = con.getExceptionTypes();
                    for (int j = 0; j < etl.length; j++)
                        System.out.println("异常" + (j + 1) + " 类型为：" + etl[j]);
                    i++;
```

```
            }
        } catch (Exception e) {
            e.printStackTrace();
        }
    }
}
```

程序清单 4.8

分别调用 Sub 类所属 Class 的 getDeclaredConstructors()方法和 getConstructors()方法，运行结果如图 4.9 和图 4.10 所示。通过前面的学习，相信读者已理解 getDeclaredConstructors()方法和 getConstructors()方法的区别。

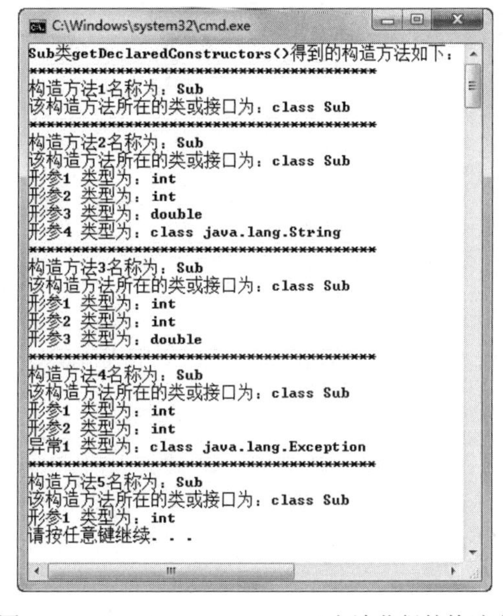

图 4.9 getDeclaredConstructors()方法获得的构造方法

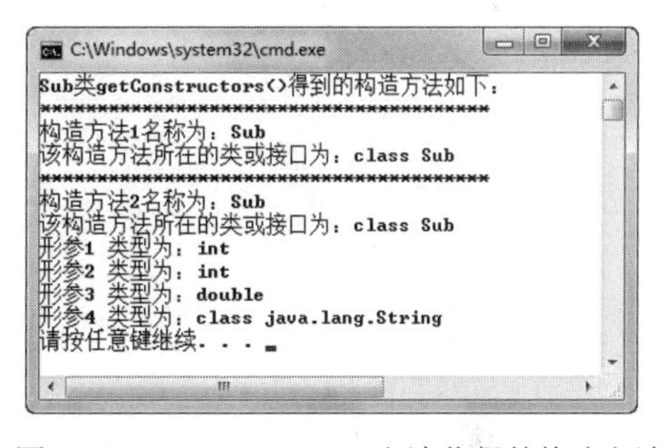

图 4.10 getConstructors()方法获得的构造方法

4.4 动 态 调 用

到目前为止，都是通过 Class 类的方法获取对应类的属性、方法和构造方法的详细信息，但反射的意义远不止这些。接下来，将通过之前获取的属性、方法和构造方法的详细信息，来动态创建对象、修改属性和调用方法。

4.4.1 创建对象

前面已经通过 Class 类获得对应类的构造方法。一旦获取了对应类的构造方法，很自然地就会想到通过这些构造方法创建出这些对应类的实例对象。接下来继续通过案例来演示如何实例化对象，具体会介绍使用 newInstance()方法和使用 newInstance(Object[] args)方法两种方式实例化对象。

为了方便演示，用来测试的对应类 Super2 的代码调整如程序清单 4.9 所示。

```
class Super2 {
    private int supPri = 1;
    int supPac = 2;
    protected double supPro = 3;
    public String supPub = "4";

    public Super2() {
    }

    public Super2(int pri, int pac, double pro, String pub) {
        this.supPri = pri;
        this.supPac = pac;
        this.supPro = pro;
        this.supPub = pub;
    }

    protected Super2(int pri, int pac, double pro) {
        this(pri, pac, pro, "4");
    }

    Super2(int pri, int pac) throws Exception {
        this(pri, pac, 3.0, "4");
    }

    private Super2(int pri) {
        this(pri, 2, 3.0, "4");
    }

    private void supPrivate() {
    }

    int supPackage() {
        return supPac;
    }

    protected double supProtected() {
        return supPro;
    }

    public String supPublic() {
        return supPub;
    }
}
}
```

程序清单 4.9

1．通过 Class 类的 newInstance()方法创建对象

请看程序清单 4.10 所示的例子。

```
public class TestNewInstance{
    public static void main(String args[]) {
        try {
            Class c = Class.forName("Super");
            //通过 Class 类的 newInstance()方法创建对象
            Super2 sup = (Super2)c.newInstance();
            System.out.println(sup.supPublic());
        } catch (Exception e) {
            e.printStackTrace();
        }
    }
}
```

程序清单 4.10

编译并运行程序，通过 Class 类的 newInstance()方法创建 Super 对象，然后调用这个对象的 supPublic()方法，输出结果为 4。

到目前为止，可以看出一些反射机制的作用——可以根据用户运行时输入的信息，动态创建不同的对象，再调用对象的方法执行相关的功能。

通过 Class 类的 newInstance()方法创建对象，该方法要求该 Class 对应类有无参构造方法。执行 newInstance()方法实际上就是使用对应类的无参构造方法来创建该类的实例，其代码的作用等价于“Super sup = new Super();”。

如果 Super 类没有无参构造方法，运行程序时则会出现如图 4.11 所示的问题，抛出一个 InstantiationException 实例化异常。

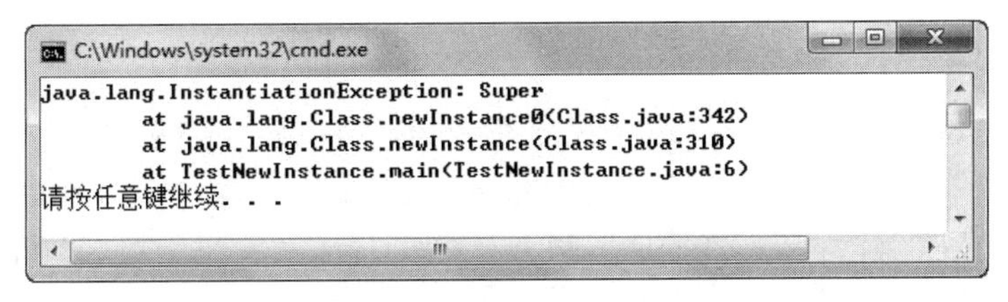

图 4.11 newInstance()方法产生实例化异常

2．通过 Constructor 的 newInstance(Object[] args)方法创建对象

如果要想使用有参构造方法创建对象，则需要先通过 Class 对象获取指定的 Constructor 对象，再调用 Constructor 对象的 newInstance(Object[] args)方法来创建该 Class 对象对应类的实例。具体代码如程序清单 4.11 所示。

```
import java.lang.reflect.*;
public class TestNewInstance1 {
    public static void main(String args[]) {
        try {
            Class c = Class.forName("Super");
            //返回一个指定参数列表（int.class,int.class）的 Constructor 对象
```

```
            Constructor con = c.getDeclaredConstructor(new Class[]{int.class, int.class});
            //通过 Constructor 的 newInstance(Object[] args)方法创建对象，参数为对象列表
            //参数列表对基本数据类型支持自动装箱、拆箱，所以也可以写成 newInstance(21, 22)
            Super2 sup = (Super2) con.newInstance(new Object[]{21, 22});
            System.out.println(sup.supPackage());

            //返回一个无参的 Constructor 对象
            Constructor con2 = c.getDeclaredConstructor();
            //通过 Constructor 的 newInstance()方法创建无参对象
            Super2 sup2 = (Super2) con2.newInstance();
            System.out.println(sup2.supProtected());
        } catch (Exception e) {
            e.printStackTrace();
        }
    }
}
```

程序清单 4.11

编译并运行程序，输出结果为 22 和 3.0。

需要注意的是，通过 Class 对象获得指定 Constructor 对象的方法 getDeclaredConstructor ((Class[] args))中，参数列表为 Class 类数组。本例中直接使用“new Class[]{int.class,int.class}”语句创建了这个 Class 类数组，表示需要获取的构造方法内含有两个 Int 型的形参。之后调用 Constructor 的 newInstance(Object[] args)方法创建对象时，输入参数为 Object 对象数组，本例中直接使用“new Object[]{21, 22}”创建了此对象数组。

通过 Constructor 的 newInstance() 方法，也可以创建无参对象，这样在调用 getDeclaredConstructor((Class[] args))和 newInstance(Object[] args)方法时，参数列表为空即可。

4.4.2 修改属性

还是以上面的 Super2 类为例，其中有一个整型的私有属性 supPri，初始值为 1。因为 Super2 类并没有提供针对 supPri 这个属性的公有的 getter()和 setter()方法，所以在这个类外，以现有的知识是无法获得并修改这个属性值的。接下来通过 Java 反射机制提供的 Field 类，实现在程序运行时修改类中私有属性值的功能。具体代码如程序清单 4.12 所示。

```
import java.lang.reflect.*;
public class TestChangeField{
    public static void main(String args[]) {
        try {
            Class c = Class.forName("Super");
            Super2 sup = (Super2)c.newInstance();
            //通过属性名获得 Field 对象
            Field f = c.getDeclaredField("supPri");//supPri 为私有属性
            //取消属性的访问权限控制，即使 private 属性也可以进行访问
            f.setAccessible(true);
            //调用 get(Object o)方法取得对象 o 对应属性值
            System.out.println("取消访问权限控制后访问 supPri，其值为： " + f.get(sup));
```

```
            //调用 set(Object o,Object v)方法设置对象 o 对应属性值
            f.set(sup, 20);
            System.out.println("f.set(sup, 20)后访问 supPri，其值为：" + f.get(sup));
        } catch (Exception e) {
            e.printStackTrace();
        }
    }
}
```

程序清单 4.12

代码中，首先通过 Class 对象的 getDeclaredField("supPri")方法获得了 Field 对象 f，然后通过 f.setAccessible(true)方法取消了 supPri 属性的访问控制权限（只是取消 Field 对象 f 对应属性 supPri 的访问控制权限，在 Field 对象内部起作用，仍不可通过 sup.supPri 直接进行访问），之后再通过 set(Object o,Object v)和 get(Object o)修改、获取该属性的值。编译并运行程序，运行结果如图 4.12 所示。

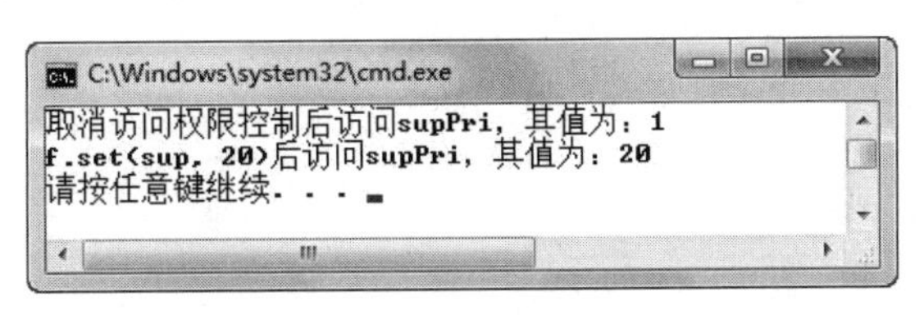

图 4.12　通过 Field 对象修改私有属性

4.4.3　调用方法

通过反射机制，运行时可以根据用户的输入创建不同的对象，并且可以修改属性的访问控制权限及属性值。接下来将介绍使用反射机制，通过调用 Method 类的一些方法，动态执行 Class 对应类的方法。

前面介绍使用反射机制创建对象时，程序可以根据用户的输入动态创建一个对象。假设现在有这样的需求，需要在程序运行时，根据用户提供的不同参数列表（方法名称、参数个数、参数类型），动态调用不同的方法完成不同的功能。

例如，TestInvokeMethod 类中有 4 个方法 public int add(int x, int y)、public int add(int x)、public int multiply(int x, int y)、public int multiply(int x)，分别实现的功能是求和、加一、求乘积、求平方 4 个功能。程序运行时，用户输入方法和实参列表，程序动态调用对应的方法，将结果反馈给用户。具体代码如程序清单 4.13 所示（因为篇幅原因，程序中直接给出了方法和实参列表，没有要求用户输入）。

```
import java.lang.reflect.*;
public class TestInvokeMethod {
    public int add(int x, int y) {
        return x + y;
    }

    public int add(int x) {
        return x + 1;
```

```
    }

    public int multiply(int x, int y) {
        return x * y;
    }

    public int multiply(int x) {
        return x * x;
    }

    public static void main(String args[]) {
        try {
            Class c = TestInvokeMethod.class;
            Object obj = c.newInstance();
            //通过方法名、参数类型列表，获得 Method 对象
            Method m = c.getDeclaredMethod("multiply", new Class[]{int.class, int.class});
            //invoke(Object o,Object[] args)方法调用对象 o 对应方法
            System.out.println("调用方法：multiply，输入值为 int 型 3 和 4，结果为："
                    + m.invoke(obj, new Object[]{3, 4}));
            Method m2 = c.getDeclaredMethod("add", new Class[]{int.class});
            System.out.println("调用方法：add，输入值为 int 型 18，结果为："
                    + m2.invoke(obj, new Object[]{18}));
        } catch (Exception e) {
            e.printStackTrace();
        }
    }
}
```

程序清单 4.13

程序运行时获得方法名 multiply 以及实参列表 3 和 4，通过 getDeclaredMethod("multiply",new Class[]{int.class, int.class})方法获得 Method 对象 m，再通过 m.invoke(obj, newObject[]{3,4})方法调用对象 obj（可能也是通过反射机制动态创建的）对应方法 public int multiply(int x, int y)取得需要的结果。程序如果获得的方法名为 add，参数列表为 18，则反射机制的动态方法调用会执行对象的 public int add(int x)方法。程序运行结果如图 4.13 所示。

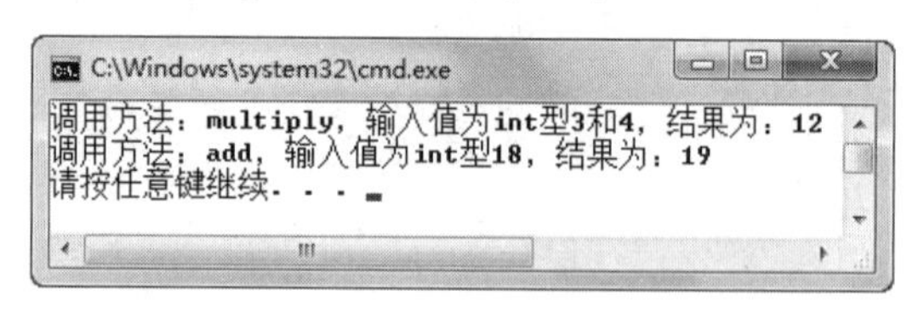

图 4.13　通过 Method 对象动态调用方法

至此，反射机制的核心内容已介绍完毕。其中，根据用户的输入，使用反射机制动态创建对象、动态调用方法是 Java 反射机制的精髓，学习它对后期框架课程的深入理解很有帮助。

4.4.4　操作动态数组

Java 在创建数组的时候，需要指定数组长度且数组长度不可变。而 java.lang.reflect 包下提供了一个 Array 类，这个类中包括一系列 static 方法，通过这些方法可以创建动态数组，对数组元素进行赋值、取值操作。

Array 类提供的主要方法（均为静态方法）如下：

（1）Object newInstance(Class componentType, int length)：创建一个元素类型为 componentType、长度为 length 的新数组。

（2）Object newInstance(Class componentType, int... dimensions)：创建一个元素类型为 componentType、长度为 length、维度为 dimensions 的多维数组。

（3）void setXxx(Object array, int index,xxx val)：将数组对象 array 中索引元素的值设置为指定的 xxx 类型的 val 值。

（4）xxx getXxx(Object array, int index)：获取数组对象 array 中索引为 index 的数组元素值。

1．操作一维动态数组

假设有这样的需求，每个班需要用一个字符串数组来存放该班所有学生的姓名，但每个班的学生人数不一样，需要每个班的班主任在开学前统计该班班级人数后填入系统中，才能确定这个数组的长度。这就需要使用动态数组，并且需要根据指定学号输入学生姓名，添入数组中。具体代码如程序清单 4.14 所示。

```
import java.util.Scanner;
import java.lang.reflect.*;


public class TestArray {
    public static void main(String args[]) {
        try {
            Scanner input = new Scanner(System.in);
            Class c = Class.forName("java.lang.String");
            System.out.print("请输入班级人数：");
            int stuNum = input.nextInt();
            //创建长度为 stuNum 的字符串数组
            Object arr = Array.newInstance(c, stuNum);
            System.out.print("请输入需要给学号为？的学生输入姓名：");
            int stuNo = input.nextInt();
            System.out.print("请输入该学生姓名：");
            String stuName = input.next();
            //使用 Array 类的 set 方法给数组赋值
            Array.set(arr, (stuNo - 1), stuName);
            //使用 Array 类的 get 方法获取元素的值
            System.out.println("学号为" + stuNo + "的学生姓名为：" + Array.get(arr, (stuNo - 1)));
        } catch (Exception e) {
            e.printStackTrace();
        }
```

```
        }
    }
```

程序清单 4.14

编译并运行程序，运行结果如图 4.14 所示。

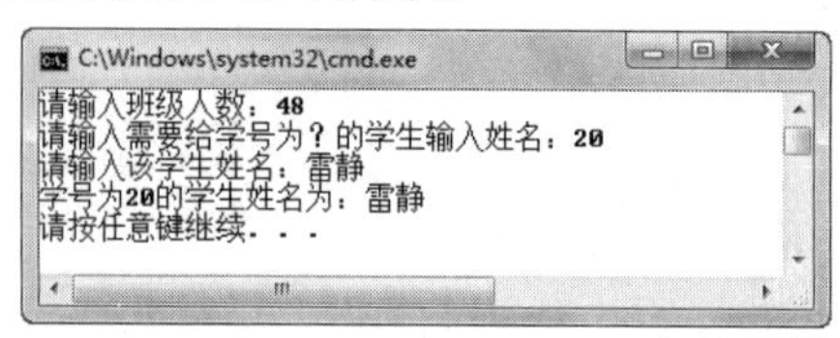

图 4.14　使用 Array 类创建动态数组

2．操作多维动态数组

使用 Array 类创建一个多维动态数组的方法为“newInstance(Class componentType, int... dimensions)”，其中，dimensions 参数表示新建数组维度的 int 数组。例如，想创建一个三维数组，维度分别为 8、10、12，则需要定义一个长度为 3 的整型数组（int[] d = {8,10,12}），再通过这个整型数组创建三维数组。

以下示例的代码创建了一个 8×10 的二维整型动态数组，并给数组下标为[4][6]的数组元素赋值为 20。具体代码如程序清单 4.15 所示。

```
import java.lang.reflect.*;
public class TestArray2 {
    public static void main(String args[]) {
        try {
            Class c = Integer.TYPE;
            //创建一个 8×10 的二维整型数组
            int dim[] = {8, 10};
            Object arr = Array.newInstance(c, dim);
            //arr4 为一维数组
            Object arr4 = Array.get(arr, 4);
            //给 arr[4][6]赋值为 20
            Array.set(arr4, 6, 20);
            //获取 arr[4][6]的值
            System.out.println("arr[4][6]的值为： " + Array.get(arr4, 6));
        } catch (Exception e) {
            e.printStackTrace();
        }
    }
}
```

程序清单 4.15

在《Java 程序设计基础教程》中介绍数组的时候提到过，二维数组可以先理解为一个一维数组，这个一维数组的每个数组元素又是一个一维数组。代码中“Array.get(arr,4)”语句获取下标为 4 的数组元素 arr4，这个数组元素就是一个一维数组；再通过“Array.set(arr4, 6, 20)”语句设置 arr4 这个一维数组下标为 6 的数组元素的值为 20，即完成了设置 arr[4][6]的值为 20 的目的。编译并运行程序，输出结果为 20。

4.5 本 章 小 结

本章介绍了反射机制的相关内容，具体如下：

（1）Java 反射是指 Java 程序在运行时，可以动态地加载类，并调用类的属性和方法。

（2）使用反射可以获取类的属性、方法、构造方法、父类、父接口等所有信息，并且可以动态地调用属性、方法。

（3）反射的入口类是 Class，常用的获取 Class 对象的方法有“Class.forName("全类名")”、“类名.class”和“对象名.getClass()”三种。

（4）getMethods()只能获取 public 修饰的方法，但这些方法既可以是本类中定义的，也可以是在父类（或父接口）中定义的；getDeclaredMethods()可以获取 private 等 4 种访问修饰符修饰的方法，但这些方法只能是在本类定义的，不包含父类（或父接口）中定义的方法。getDeclaredFields()与 getFields()，以及 getDeclaredConstructors()和 getConstructors()方法的区别与之类似。

（5）在使用反射机制突破访问修饰符限制时，需要先对方法或属性设置 setAccessible (true)。

（6）Array 类提供了一系列 static 方法，可以创建动态数组，对数组元素进行赋值、取值操作。例如，可以使用 Array.newInstance()方法来创建数组对象。

（7）反射大量存在于后续学习的框架底层，但在初级阶段应用得比较少。

4.6 本 章 练 习

单选题

（1）下列关于 Class 类中 getDeclaredMethods()和 getMethods()两种方法的区别的描述中，正确的是（　　）。

A．getMethods()可以获取 private 等 4 种访问修饰符修饰的方法，并且这些方法既可以是本类中定义的，也可以是在父类（或父接口）中定义的。

B．getDeclaredMethods()可以获取 private 等 4 种访问修饰符修饰的方法，并且这些方法既可以是本类中定义的，也可以是在父类（或父接口）中定义的。

C．getMethods()只能获取 public 修饰的方法，但这些方法既可以是本类中定义的，也可以是在父类（或父接口）中定义的。

D．getMethods()可以获取 private 等 4 种访问修饰符修饰的方法，但这些方法只能是在本类定义的，不包含在父类（或父接口）中定义的方法。

（2）已有类 org.lanqiao.Student，则获取 Student 的 Class 类型实例的方法错误是（　　）。

A．Class.forName("org.lanqiao.Student")　　B．Student.class

C．Student.TYPE　　D．new Student().getClass()

（3）以下功能中，（　　）不是 Java 反射机制提供的。

A．在运行时反编译对象

B．在运行时构造一个类的对象

C．在运行时判断一个类所具有的成员变量和方法

D．在运行时调用一个对象的方法

（4）下列关于通过反射获取方法或调用方法的说法中，正确的是（　　）。

A．反射可以通过“对象名.方法名(参数列表)”的方式调用方法。

B．反射可以通过“Class 对象.getMethod(方法名，参数类型列表)”的方式获取私有方法。

C．反射可以通过“Class 对象.getDeclaredMethod(方法名，参数类型列表)”的方式获取私有方法。

D．反射可以通过“invoke(对象名,参数列表)”的方式来执行一个方法。

（5）Person 类中有一个 private 修饰的 name 属性，数据类型为 String。现要在测试类 TestPerson 中给 Person 的 name 赋值，以下哪个选项的代码可以实现这一需求？（　　）。

A．

```
Class cla=Person.Class;
Person p=new Person();
Field name=cla.getField("name");
name.set(p,"Jack");
```

B．

```
Class cla=Person.Class;
Person p=new Person();
Field name=cla.getDeclareField("name");
name.setAccessible(true);
name.set(p,"Jack");
```

C．

```
Class cla=Person.Class;
Person p=new Person();
Field name=cla. getDeclareField ("name");
name.set(p,"Jack");
```

D．

```
Class cla=Person.Class;
Person p=new Person();
Field name=cla.getField("name");
name.setAccessible(true);
name.set(p,"Jack");
```

（6）以下有关反射的说法中错误的是（　　）。

A．使用 Class.forName("com.yy.xxx")方法获取类

B．classObj.newInstance()实例化一个对象

C．classObj.getDeclaredMethods()获取方法列表

D．methodObj.invoke(obj, args)不能执行私有方法

（7）以下哪个方法不是 java.lang.reflect.Array 类提供的？（　　）

A．Object newInstance(Class componentType, int length)

B．Object newInstance(Class componentType, int... dimensions)

C．int getInt(Object array, int index)

D．void setInt(Object array, int index)

第5章

Java 多线程机制

本章简介

多线程用于实现并发编程。目前，在一个程序（进程）中通常会并发执行着多个指令流，每个指令流就称为一个线程，线程彼此间互相独立却又有着一定的联系。本章将首先介绍多线程的概念，接着会通过案例创建和使用线程，最后会介绍线程控制和共享数据等知识。

5.1　多线程简介

打开计算机，可以同时运行很多程序，如一边挂着 QQ，一边放着音乐，同时还可以收发电子邮件……能够做到这样是因为一个操作系统可以同时运行多个程序。一个正在运行的程序对于操作系统而言称为进程。

程序和进程的关系可以理解为：程序是一段静态的代码，是应用程序执行的蓝本；而进程是指一个正在内存中运行的程序，并且有独立的地址空间。

线程和进程一样拥有独立的执行路径，二者的区别在于，线程存在于进程中，拥有独立的执行堆栈和程序计数器，但没有独立的存储空间。一个线程会和所属进程中的其他线程共享存储空间。

传统的程序，一个进程里只有一个线程，所以也称为单线程程序，而多线程程序是一个进程里拥有多个线程，两者间的结构区别如图 5.1 所示。

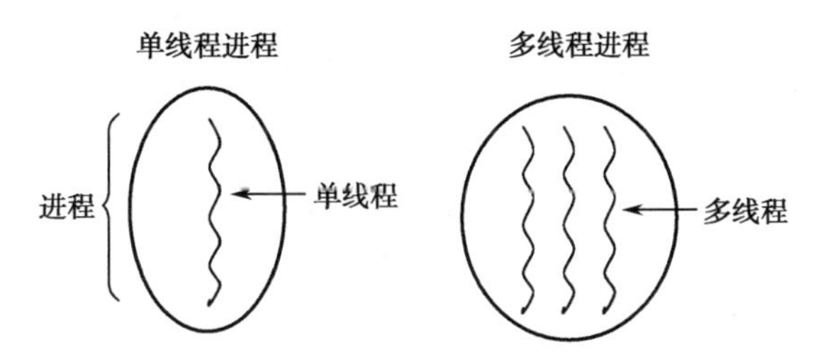

图 5.1　单线程进程与多线程进程

1．线程与进程

在操作系统中，使用进程是为了使多个程序能并发执行，以提高资源的利用率和系统吞

吐量。在操作系统中再引入线程，则是为了减少系统开销，使计算机操作系统具有更好的并发性。

操作系统在操作进程时付出的系统开销是比较大的。例如，创建进程，系统在创建一个进程时，必须为它分配其所必需的资源（CPU 资源除外），如内存空间、I/O 设备以及建立相应的进程控制块。再如撤销进程，系统在撤销进程时又必须先对其所占用的资源执行回收操作，然后撤销进程控制块。如果要进行进程间的切换，就要保留当前进程的进程控制块环境和设置新选中的进程的 CPU 环境。

也就是说，由于进程是一个资源的拥有者，因而在创建、撤销和切换中，系统必须为之付出较大的系统开销。所以，系统中的进程数目不宜过多，进程切换的频率也不宜过高，这也就限制了系统并发性的进一步提高。

进程是资源分配的基本单位，所有与该进程有关的资源，如打印机、输入的缓冲队列等都被记录在进程控制块中，以表示该进程拥有这些资源或正在使用它们。与进程相对应，线程是进程内一个相对独立的、可调度的执行单元。线程属于某一个进程，并与进程内的其他线程一起共享进程的资源。

线程是操作系统中的基本调度单元，所以每个进程在创建时，至少需要同时为该进程创建一个线程，线程也可以创建其他线程。

2．多线程优势

接下来将介绍线程对于进程的优势，只有理解了采用线程比采用进程所拥有的好处才能更好地理解多线程的优势。

（1）系统开销小。创建和撤销线程的系统开销，以及多个线程之间的切换，都比使用进程进行相同操作要小得多。

（2）方便通信和资源共享。如果是在进程之间通信，往往要求系统内核的参与，以提供通信机制和保护机制。而线程间通信在同一进程的地址空间内，共享主存和文件，操作简单，无须系统内核参与。

（3）简化程序结构。用户在实现多任务的程序时，采用多线程机制实现，程序结构清晰，独立性强。

3．线程状态

线程是相对独立的、可调度的执行单元，因此，在线程的运行过程中，会分别处于不同的状态。通常而言，线程主要有以下几种状态：

（1）就绪状态：线程已经具备运行的条件，等待调度程序分配 CPU 资源给这个线程运行。

（2）运行状态：调度程序分配 CPU 资源给该线程，该线程正在执行。

（3）阻塞状态：线程正等待除了 CPU 资源以外的某个条件符合或某个事件发生。

如图 5.2 所示为线程的状态转换图。以下通过该图介绍线程的执行过程和状态转换。

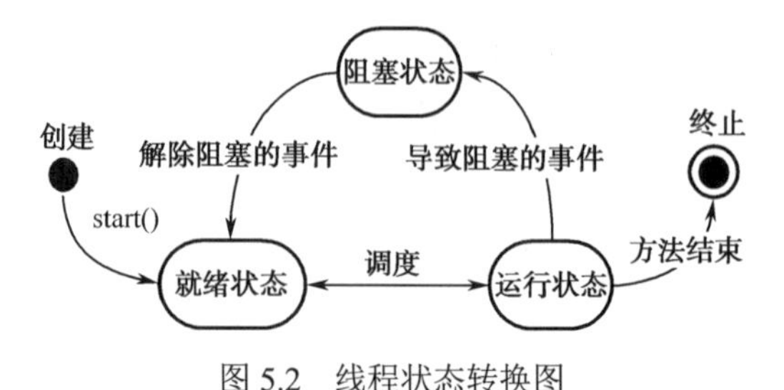

图 5.2　线程状态转换图

对线程的基本操作主要有以下五种，通过这五种操作，使线程在各个状态之间转换。

（1）派生：线程属于进程的一部分，因此可以由进程派生出线程，但也可以由线程自身派生。在 Java 中，可以创建一个线程并通过调用该线程的 start()方法使该线程进入就绪状态。

（2）调度：调度程序分配 CPU 资源给就绪状态的线程，使线程获得 CPU 资源进行运行，即执行 Java 线程类中 run()方法里的内容。

（3）阻塞：当线程缺少除了 CPU 资源以外的某个条件符合或某个事件时，就会进入阻塞状态。阻塞时，寄存器上下文、程序计数器以及堆栈指针都会得到保存。

（4）激活：在阻塞状态下的线程，如果需要等待的条件符合或事件发生，则该线程被激活并进入就绪状态。

（5）结束：在运行状态的线程，线程执行结束，它的寄存器上下文以及堆栈内容等将被释放。

5.2　多线程的基本使用

创建和使用线程，就是要让这个线程完成一些特定的功能。Java 提供了“java.lang.Thread”类来完成多线程的编程，这个类也提供了大量的方法操作线程。在编写一个线程类时，可以继承自这个 Thread 类，完成线程的相关工作。

有时编写的线程类除了继承 Thread 以外还要继承其他类，但 Java 又不支持多继承，所以 Java 还提供了另外一种创建线程的方式，即实现 Runnable 接口。

因此，有两种定义线程类的方式——继承 Thread 类和实现 Runnable 接口。

5.2.1　创建线程类

如果线程类直接继承 Thread 类，其代码结构大致如下：

```
class 类名 extends Thread{
    //属性
    //其他方法
    public void run(){ // 重写 Thread 类中的 run()方法
        //线程需要执行的核心代码
    }
}
```

从线程类的代码结构可以看出，一个线程的核心代码需要写在 run()方法里。也就是说，当线程从就绪状态，通过调度程序分配 CPU 资源，进入运行状态后，执行的代码即 run()方法里面的代码。

如果线程类是实现 Runnable 接口的，其代码结构大致如下：

```
class 类名 implements Runnable{
    //属性
    //其他方法
    public void run(){ // 实现 Runnable 接口中的 run()方法
        //线程需要执行的核心代码
    }
}
```

和继承 Thread 类非常类似，实现 Runnable 接口的线程类也需要编写 run()方法，将线程的核心代码置于该方法中。但是 Runnable 接口中仅仅定义了 run()这么一个方法，因此，还必须将 Runnable 对象转换为 Thread 对象，从而使用 Thread 类中的线程 API。转换的方法如下所示：

```
Runnable 实现类名 对象名 = new   Runnable 实现类名();
Thread 线程对象名 = new Thread(对象名);
```

5.2.2 使用线程类

根据前面的知识可知，一个线程的核心代码是写在 run()方法中的，但如果要调用这个方法，就需要使用 start()方法，即 start()方法在执行时会自动调用 run()方法。

下面的例子，分别使用继承 Thread 类和实现 Runnable 接口两种方式创建了两个线程类，并通过调用 start()方法启动线程。具体代码如程序清单 5.1 所示。

```
public class TestThread {
    public static void main(String[] args) throws InterruptedException {
        Thread t1 = new MyThread1();
        MyThread2 mt2 = new MyThread2();
        Thread t2 = new Thread(mt2);
        t1.start();
        t2.start();
    }
}

//继承自 Thread 类创建线程类
class MyThread1 extends Thread {
    private int i = 0;

    //无参构造方法，调用父类构造方法设置线程名称
    public MyThread1() {
        super("我的线程 1");
    }

    //通过循环判断，输出 10 次，每次间隔 0.5 秒
    public void run() {
        try {
            while (i < 10) {
                System.out.println(this.getName() + "运行第" + (i + 1) + "次");
                i++;
                //在指定的毫秒数内让当前正在执行的线程休眠（暂停执行）
                sleep(500);
            }
        } catch (Exception e) {
            e.printStackTrace();
        }
    }
```

```
}

//实现 Runnable 接口创建线程类
class MyThread2 implements Runnable {
    String name = "我的线程 2";

    public void run() {
        System.out.println(this.name);
    }
}
```

程序清单 5.1

编译并运行程序，运行结果如图 5.3 所示。因为程序中的注释已对程序进行了详细的描述，这里不再展开解释。

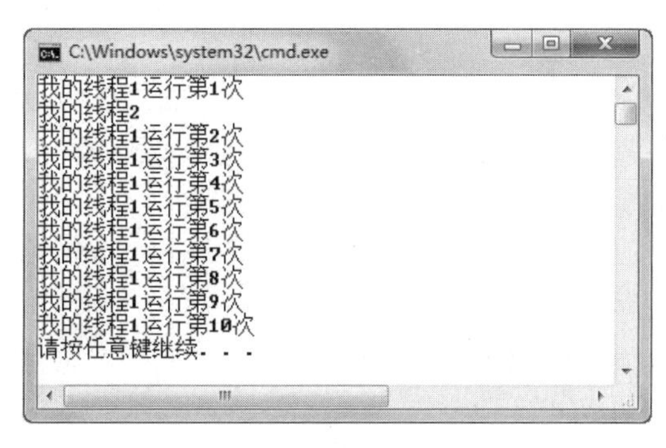

图 5.3　多线程程序

程序中，要想启动一个线程，都是通过调用 start()方法来实现的，使线程进入就绪状态，等待调度程序分配 CPU 资源后进入运行状态，执行 run()方法里的内容。作为程序员，是不是可以直接调用 run()方法，使这个线程运行起来呢？事实上，的确能直接调用 run()方法执行 run()方法里的代码，但这只是串行执行 run()方法，并不会让该线程与其他线程并发执行。大家可以将程序清单 5.1 中的代码 main()方法中的 start()改为 run()，观察一下执行结果。

5.3　线程控制

5.3.1　线程控制的基本方法

对于 5.2.2 小节的 TestThread 案例，多运行几次就会发现，程序每次的运行结果可能是不一样的。这是因为多个线程在执行时会抢占 CPU 资源，抢到之后才会执行。而程序员是无法精准控制这种抢夺情况的。尽管如此，Thread 类还提供了一些线程控制方法，虽不能精准控制线程的抢夺情况，但能够帮助我们更好地控制线程。

（1）void start()：使该线程开始执行，Java 虚拟机负责调用该线程的 run()方法。

（2）void sleep(long millis)：静态方法，线程进入阻塞状态，在指定时间（单位为毫秒）到达之后进入就绪状态。

（3）void yield()：静态方法，当前线程放弃占用 CPU 资源，回到就绪状态，使其他优先级不低于此线程的线程有机会被执行。

（4）void join()：只有当前线程等待加入的线程完成，才能继续往下执行。

（5）void interrupt()：中断线程的阻塞状态（而非中断线程）。例如，一个线程 sleep(1000000000)，为了中断这个过长的阻塞过程，可以调用该线程的 interrupt()方法，中断阻塞。需要注意的是，此时 sleep()方法会抛出 InterruptedException 异常。

（6）void isAlive()：判定该线程是否处于活动状态，处于就绪、运行和阻塞状态的都属于活动状态。

（7）void setPriority(int newPriority)：设置当前线程的优先级。

（8）int getPriority()：获得当前线程的优先级。

线程通常在三种情况下会终止，最普遍的情况是线程中的 run()方法执行完毕后线程终止，或者线程抛出了异常且未被捕获。另外，还有一种情况是调用当前线程的 stop()方法终止线程（该方法已被废弃）。接下来，通过案例来演示如何通过调用线程类内部方法实现终止线程的功能。

有这样一个程序，程序内部有一个计数功能线程，每间隔 2 秒输出 1、2、3……一直到 100 结束。现在有这样的需求，当用户想终止这个计数功能线程时，只要在控制台输入 s 即可。具体代码如程序清单 5.2 所示。

```
import java.util.Scanner;
public class EndingThread {
    public static void main(String[] args) {
        CountThread t = new CountThread();
        t.start();
        Scanner scanner = new Scanner(System.in);
        System.out.println("如果想终止输出计数线程，请输入 s");
        while (true) {
            String s = scanner.nextLine();
            if (s.equals("s")) {
                t.stopIt();
                break;
            }
        }
    }
}

//计数功能线程
class CountThread extends Thread {
    private int i = 0;

    public CountThread() {
        super("计数线程");
    }

    //通过设置 i=100，让线程终止
    public void stopIt() {
```

```
            i = 100;
        }

        public void run() {
            try {
                while (i < 100) {
                    System.out.println(this.getName() + "计数：" + (i + 1));
                    i++;
                    sleep(2000);
                }
            } catch (Exception e) {
                e.printStackTrace();
            }
        }
    }
```

程序清单 5.2

程序中，CountThread 线程类实现了计数功能。当主程序调用 t.start()方法启动线程时，执行 CountThread 线程类里 run()方法的输出计数功能。主程序中通过 while 循环，在控制台获取用户输入，当用户输入为 s 时，调用 CountThread 线程类的 stopIt()方法，改变 run()方法中运行的条件，即可终止该线程的执行。

编译并运行程序，在程序运行时输入 s，程序运行结果如图 5.4 所示。

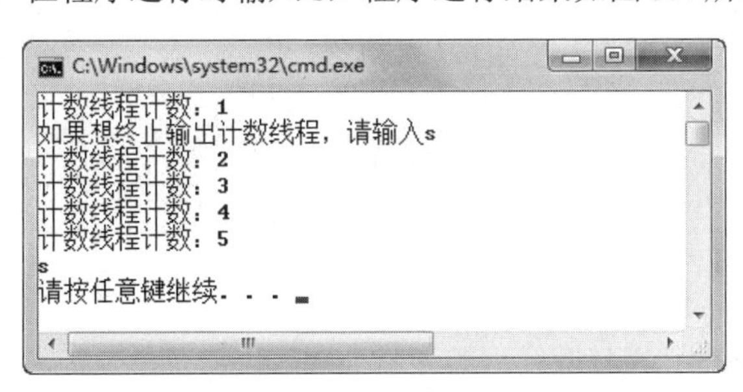

图 5.4　终止线程

以下通过案例学习 Thread 类中的其他方法。

1．sleep()

Thread 类的静态方法 sleep()，可以让当前线程进入等待（阻塞）状态，直到指定的时间结束，或直到别的线程调用当前线程对象的 interrupt()方法。下面的案例演示了调用线程对象的 interrupt()方法，中断线程所处的阻塞状态，使线程恢复进入就绪状态。具体代码如程序清单 5.3 所示。

```
public class InterruptThread {
    public static void main(String[] args) {
        CountThread2 t = new CountThread2();
        t.start();
        try {
            Thread.sleep(6000);
```

```
            } catch (InterruptedException e) {
                e.printStackTrace();
            }
            //中断线程的阻塞状态（而非中断线程）
            t.interrupt();
        }
    }

    class CountThread2 extends Thread {
        private int i = 0;

        public CountThread2() {
            super("计数线程");
        }

        public void run() {
            while (i < 100) {
                try {
                    System.out.println(this.getName() + "计数：" + (i + 1));
                    i++;
                    Thread.sleep(5000);
                } catch (InterruptedException e) {
                    System.out.println("程序捕获了 InterruptedException 异常!");
                }
                System.out.println("计数线程运行 1 次！");
            }
        }
    }
```

程序清单 5.3

请注意计数线程的变化，计数线程的异常处理代码放在了 while 循环内，也就是说如果主程序调用 interrupt()方法中断了计数线程的阻塞状态（由 sleep(5000)引起的），并处理了由计数线程抛出的 InterruptedException 异常之后，计数线程将会进入就绪状态和运行状态，执行 sleep(5000)之后的程序，继续循环输出。

主程序通过 start()方法启动了计数线程以后，调用 sleep(6000)方法让主程序等待 6 秒，此时计数线程已执行到第 2 次循环，“计数线程计数：1”、“计数线程运行 1 次！”和“计数线程计数：2”已经输出，正在执行 sleep(5000)。因为计数线程的 interrupt()方法被调用，则中断了 sleep(5000)的执行，捕获了 InterruptedException 异常，输出“程序捕获了 InterruptedException 异常!”，之后计数线程立即恢复，继续执行。程序运行结果如图 5.5 所示。

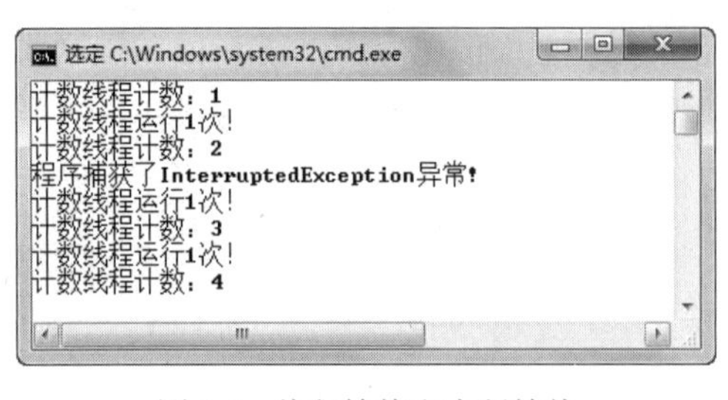

图 5.5　线程等待和中断等待

2．yield()

接下来介绍另外一个让线程放弃 CPU 资源的方法：yield()方法。

yield()方法和 sleep()方法都是 Thread 类的静态方法，都会使当前处于运行状态的线程放弃 CPU 资源，将运行机会让给别的线程。但两者的区别在于：

（1）sleep()方法会给其他线程运行的机会，不考虑其他线程的优先级，因此会给较低优先级线程一个运行的机会；yield()方法只会给相同优先级或者更高优先级的线程一个运行的机会。

（2）当线程执行了 sleep(long millis)方法后，将转到阻塞状态，参数 millis 指定了睡眠时间；当线程执行了 yield()方法后，将转到就绪状态。

（3）sleep()方法声明抛出 InterruptedException 异常，而 yield()方法没有声明抛出任何异常。

yield()方法只会给相同优先级或者更高优先级的线程一个运行的机会，因此这是一种不可靠的提高程序并发性的方法，只是让系统的调度程序再重新调度一次，在实际编程过程中并不推荐使用。

3．join()

Thread 类的 join()方法，可以让当前线程等待加入的线程完成，才能继续往下执行。下面通过程序清单 5.4 所示的案例来演示 join()方法的使用。

```
public class JoinThread {
    public static void main(String[] args) throws InterruptedException {
        SThread st = new SThread();
        QThread qt = new QThread(st);
        qt.start();
        st.start();
    }
}

class QThread extends Thread {
    int i = 0;
    Thread t = null;

    //构造方法，传入一个线程对象
    public QThread(Thread t) {
        super("QThread 线程");
        this.t = t;
    }

    public void run() {
        try {
            while (i < 100) {
                //当 i=5 时，调用 SThread 线程对象的 join()方法，等线程 t 执行完毕再执行本线程
                if (i != 5) {
                    Thread.sleep(500);
                    System.out.println("QThread 正在每隔 0.5 秒输出数字：" + i++);
                } else {
```

```
                    t.join();
                }
            }
        } catch (InterruptedException e) {
            e.printStackTrace();
        }
    }
}

class SThread extends Thread {
    int i = 0;

    //从 0 输出到 99
    public void run() {
        try {
            while (i < 100) {
                Thread.sleep(1000);
                System.out.println("SThread 正在每隔 1 秒输出数字：" + i++);
            }
        } catch (InterruptedException e) {
            e.printStackTrace();
        }
    }
}
```

程序清单 5.4

案例中有两个线程类 QThread 类和 SThread 类。其中，QThread 线程类的 run()方法中每隔 0.5 秒从 0 到 99 依次输出数字；SThread 线程类的 run()方法中每隔 1 秒从 0 到 99 依次输出数字。QThread 线程类有一个带参的构造方法，传入一个线程对象。在 QThread 线程类的 run()方法中，当输出数值等于 5 时，调用构造方法中传入的线程对象 t 的 join()方法，线程对象 t 全部执行完毕以后，再继续执行本线程的代码。程序运行结果如图 5.6 所示。

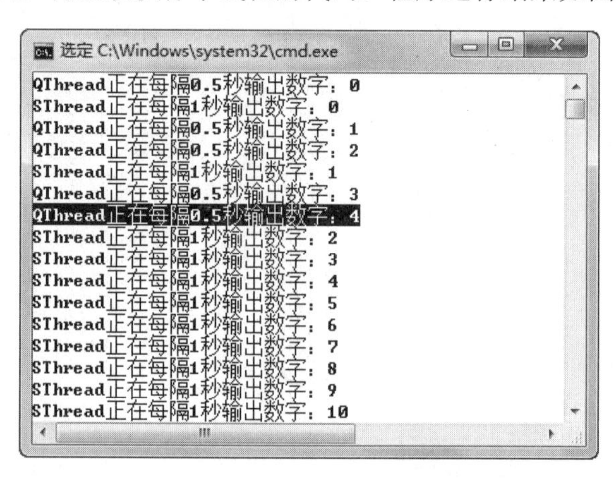

图 5.6　线程 join()方法的使用

从图 5.6 可以看出，当 QThread 线程类执行到“i=5”时，开始等待 SThread 线程类执行完毕，才会继续执行自身的代码。

5.3.2　线程控制的其他方法

1．设置线程优先级

在介绍线程的优先级前，先介绍一下线程的调度模型。同一时刻如果有多个线程处于就绪状态，则它们需要排队等待调度程序分配 CPU 资源。此时每个线程自动获得一个线程的优先级，优先级的高低反映线程的重要或紧急程度。就绪状态的线程按优先级排队，线程调度依据的是优先级基础上的“先到先服务”原则。

调度程序负责线程排队和 CPU 资源在线程间的分配，并根据线程调度算法进行调度。当线程调度程序选中某个线程时，该线程获得 CPU 资源从而进入运行状态。

线程调度是抢占式调度，即如果在当前线程执行过程中一个更高优先级的线程进入就绪状态，则这个线程立即被调度执行。线程的优先级用数字 1～10 表示（默认值为 5），其中 1 表示优先级最高。尽管 JDK 给线程优先级设置了 10 个级别，但仍然建议只使用 MAX_PRIORITY（级别为 1）、NORM_PRIORITY（级别为 5）和 MIN_PRIORITY（级别为 10）三个常量来设置线程优先级，让程序具有更好的可读性。接下来看程序清单 5.5 所示的案例。

```
public class SetPriority {
    public static void main(String[] args) throws InterruptedException {
        QThread2 qt = new QThread2();
        SThread2 st = new SThread2();
        //给 qt 设置低优先级，给 st 设置高优先级
        qt.setPriority(Thread.MIN_PRIORITY);
        st.setPriority(Thread.MAX_PRIORITY);
        qt.start();
        st.start();
    }
}

class QThread2 extends Thread {
    int i = 0;

    public void run() {
        while (i < 100) {
            System.out.println("QThread 正在输出数字：" + i++);
        }
    }
}

class SThread2 extends Thread {
    int i = 0;

    public void run() {
        while (i < 100) {
```

```
                System.out.println("SThread 正在输出数字：" + i++);
            }
        }
    }
```

程序清单 5.5

编译并运行程序，运行结果如图 5.7 所示。

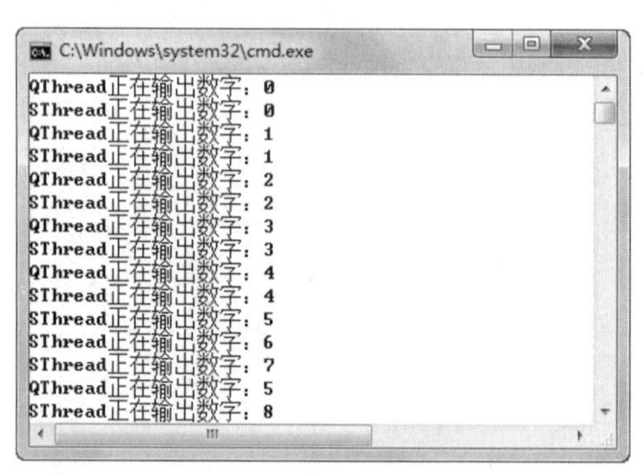

图 5.7　线程优先级设置

看到这样的运行结果，大家就开始疑惑了，明明将 SThread 线程类对象 st 的优先级设置成最高，将 QThread 线程类对象 qt 的优先级设置成最低，启动两个线程，结果并不是优先级高的一直先执行、优先级低的一直后执行。

原因是设置线程优先级，并不能保证优先级高的先运行，也不能保证优先级高的可以获得更多的 CPU 资源，只是给操作系统调度程序提供一个建议而已，到底运行哪个线程，是由操作系统根据当时的资源情况决定的。

2．守护线程

守护线程是为其他线程的运行提供便利的线程。Java 的垃圾收集机制的某些实现就使用了守护线程。

程序可以包含守护线程和非守护线程，当程序只有守护线程时，该程序才能真正结束运行。

如果要使一个线程成为守护线程，则必须在调用它的 start()方法之前，调用线程的 setDaemon(true)方法。并且，可以使用 isDaemon()方法的返回值（true 或 false）判断一个线程是否为守护线程。

接下来看一个简单的案例，代码详见程序清单 5.6。

```
public class DaemonThread {
    public static void main(String[] args) {
        DThread t = new DThread();
        t.start();
        System.out.println("让一切都结束吧");
    }

    private static class DThread extends Thread {
        //在无参构造方法中设置本线程为守护线程
```

```
        public DThread() {
            setDaemon(true);
        }

        public void run() {
            while (true) {
                System.out.println("我是后台线程");
            }
        }
    }
}
```

程序清单 5.6

编译并运行程序，程序输出“让一切都结束吧”后立刻退出。一个程序只有守护线程时该程序结束运行，所以即便程序中创建并启动了一个线程 t 且 t 的 run()方法永久循环输出，仍会在主程序执行完毕后退出程序。

5.4　线程间的数据共享

前面看到的多线程程序中各个线程大多是独立运行的，但在真正的应用中，程序中的多个线程通常以某种方式进行通信或共享数据。在这种情况下，必须使用同步机制来确保数值被正确地传递，并防止数据不一致。

5.4.1　数据不一致

首先来看一个容易造成数据不一致的案例，代码详见程序清单 5.7。

```
public class ShareData {
    static int data = 0;

    public static void main(String[] args) {
        ShareThread1 st1 = new ShareThread1();
        ShareThread2 st2 = new ShareThread2();
        new Thread(st1).start();
        new Thread(st2).start();
    }

    //内部类，访问类中静态成员变量 data
    private static class ShareThread1 implements Runnable {
        public void run() {
            while (data < 10) {
                try {
                    Thread.sleep(1000);
                    System.out.println("这个小于 10 的数据是：" + data++);
                } catch (InterruptedException e) {
                    e.printStackTrace();
```

```
                    }
                }
            }
        }

        //内部类，访问类中静态成员变量 data
        private static class ShareThread2 implements Runnable {
            public void run() {
                while (data < 100) {
                    data++;
                }
            }
        }
    }
```

程序清单 5.7

ShareData 类中有两个内部类 ShareThread1 和 ShareThread2，这两个内部类都共享并访问 ShareData 类中的静态成员变量 data。其中，ShareThread1 类的 run()方法判断当 data 小于 10 时进行输出，不过在输出前通过调用 sleep()方法等待 1 秒；而 ShareThread2 类的 run()方法让 data 循环执行自加的操作，直到 data 不小于 100 时停止。

编译并运行程序，输出结果显示“这个小于 10 的数据是：100”，很明显，这并不是程序希望的结果。出现这样结果的原因是，当 ShareThread1 类的对象在判断 data<10 时，data 的值确实小于 10，所以能进入 run()方法的 while 循环内。但是当进入 while 循环后，在输出前需要等待 1 秒，在这个等待的过程中，ShareThread2 类的对象通过 run()方法不停地进行 data 自加操作，直到 data=100 为止。这时 ShareThread1 类对象再输出，其结果自然是“这个小于 10 的数据是：100”。

该案例说明，当一个数据被多个线程存取的时候，通过检查这个数据的值来进行判断并执行操作是极不安全的。因为，在判断之后，有可能由于 CPU 时间切换或阻塞而挂起，挂起过程中这个数据的值很可能被其他线程修改了，判断条件也可能已经不成立了。但此时已经经过了判断，之后的操作还需要继续进行，这就会造成逻辑的混乱。案例中输出的 data 在逻辑上不会超过 10，但实际却输出了 100，这就是数据不一致。

5.4.2 控制共享数据

上面的案例中，共享数据 data 被不同的线程存取，出现了数据不一致的情况。针对这种情况，Java 提供了同步机制，来解决控制共享数据的问题，可以使用 synchronized 关键字确保数据在各个线程间正确共享。修改上面的案例，请注意 synchronized 关键字的使用。代码详见程序清单 5.8。

```
public class ShareData2 {
    static int data = 0;
    //定义了一个对象锁 lock
    static final Object lock = new Object();

    public static void main(String[] args) {
```

```
            ShareThread1 st1 = new ShareThread1();
            ShareThread2 st2 = new ShareThread2();
            new Thread(st1).start();
            new Thread(st2).start();
        }

        private static class ShareThread1 implements Runnable {
            public void run() {
                //获取对象锁 lock
                synchronized (lock) {
                    while (data < 10) {
                        try {
                            Thread.sleep(1000);
                            System.out.println("这个小于 10 的数据是：" + data++);
                        } catch (InterruptedException e) {
                            e.printStackTrace();
                        }
                    }
                }
            }
        }

        private static class ShareThread2 implements Runnable {
            public void run() {
                //获取对象锁
                synchronized (lock) {
                    while (data < 100) {
                        data++;
                    }
                    System.out.println("ShareThread2 执行完后 data 的值为：" + data);
                }
            }
        }
    }
```

程序清单 5.8

线程对象在访问 synchronized 代码块前，会先主动尝试获取锁对象。并且，只有成功地获取到了对象锁之后，线程对象才能执行 synchronized 代码块。此外，synchronized 代码块可以让对象锁在同一时间内只能被一个线程对象获取到。我们可以将对象锁比作一个唯一的令牌，将多个线程对象比作多个竞争的选手，synchronized 代码块则是一个城堡，并且这个城堡规定同一时间只能有一个选手进入。因此，在任何一段时间内，只会有唯一的一个选手争夺到唯一的令牌，然后进入城堡；而等他离开城堡后，这个令牌会被释放，所有的选手又会重新竞争这个牌令。

在程序清单 5.8 中，对象锁是 lock，在 ShareThread1 和 ShareThread2 类的 run()方法里，st1 和 st2 两个线程对象分别使用 synchronized(lock){…}尝试获取 lock 并执行 synchronized 代

码块。但在同一段时间内，只会有一个线程成功获取到 lock，然后执行 synchronized 代码块；与此同时，其余线程对象就会处于阻塞状态，直到之前的线程对象将 synchronized 代码块执行完毕，从而将 lock 释放之后，所有线程对象再重新争夺 lock；争夺成功的线程对象再去执行 synchronized 代码块……

编译并运行程序，运行结果如图 5.8 所示。

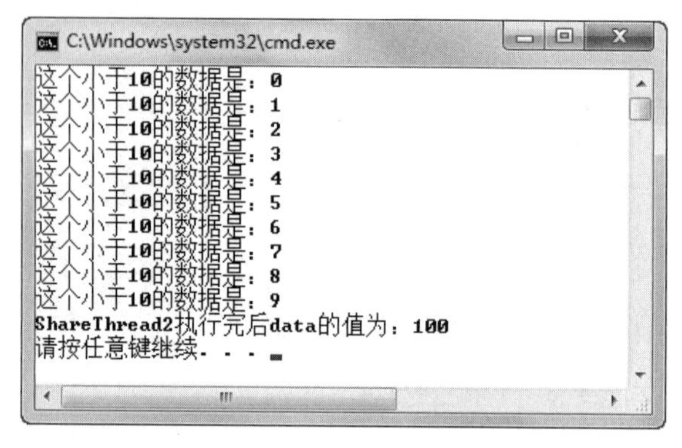

图 5.8　控制共享数据

另外，在语法上，synchronized()方法的参数可以是任何类型的对象。例如，将上述代码中 synchronized (lock)中的 lock 对象改为其他任意对象，或者直接改为 synchronized (this)都是可以的。

5.4.3　多线程同步

多线程同步依靠的是对象锁机制，synchronized 关键字就是利用锁来实现对共享资源的互斥访问的。

实现多线程同步的方法之一就是同步代码块，其语法形式如下：

```
synchronized(obj){
    //同步代码块
}
```

要想实现线程的同步，则这些线程必须去竞争一个唯一的共享的对象锁。

先来看一个案例，这个案例的主程序通过一个 for 循环创建、启动 5 个线程对象（传入一个参数作为线程 id），而每个线程对象的 run()方法里都通过一个 for 循环输出 1～10。代码详见程序清单 5.9。

```
public class TestSyncThread {
    public static void main(String[] args) {
        for (int i = 0; i < 5; i++) {
            new Thread(new SyncThread(i)).start();
        }
    }
}

class SyncThread implements java.lang.Runnable {
    private int tid;
```

```
    public SyncThread(int id) {
        this.tid = id;
    }

    public void run() {
        for (int i = 0; i < 10; i++) {
            System.out.println("线程 ID 名为：" + this.tid + "正在输出：" + i);
        }
    }
}
```

程序清单 5.9

编译并运行上面的程序，5 个线程可能会交错输出。如果希望 5 个线程之间是顺序地输出的，就可通过加锁的方式实现。

修改 TestSyncThread 类，在创建、启动线程之前，先创建一个线程之间竞争使用的对象，然后将这个对象的引用传递给每个线程对象的 lock 成员变量。这样一来，每个线程的 lock 成员变量都指向同一个对象，在线程的 run()方法中，对 lock 对象使用 synchronzied 关键字对同步代码块进行局部封锁，从而实现同步。具体代码如程序清单 5.10 所示。

```
public class TestSyncThread2 {
    public static void main(String[] args) {
        //创建一个线程之间竞争使用的对象
        Object obj = new Object();
        for (int i = 0; i < 5; i++) {
            new Thread(new SyncThread2(i, obj)).start();
        }
    }
}

class SyncThread2 implements java.lang.Runnable {
    private int tid;
    private Object lock;

    //构造方法引入竞争对象
    public SyncThread2(int id, Object obj) {
        this.tid = id;
        this.lock = obj;
    }

    public void run() {
        synchronized (lock) {
            for (int i = 0; i < 10; i++) {
                System.out.println("线程 ID 名为：" + this.tid + "正在输出：" + i);
            }
```

```
            }
        }
    }
```

程序清单 5.10

编译并运行程序，其运行结果如图 5.9 所示。

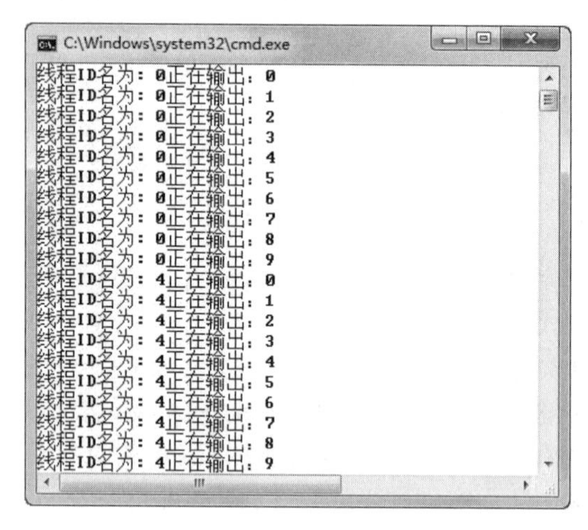

图 5.9　线程同步

线程同步的关键在于，多个线程竞争同一个共享资源。TestSyncThread2 的代码中是通过创建外部共享资源，采用引用传递这个外部共享资源的方式来实现竞争同一资源的目的的。

通过上面的方式实现线程同步还是比较麻烦的。另一种解决方案是在线程类内部定义一个静态共享资源，通过对这个共享资源的竞争起到线程同步的目的。具体代码如程序清单 5.11 所示。

```
public class TestSyncThread3 {
    public static void main(String[] args) {
        for (int i = 0; i < 5; i++) {
            new Thread(new SyncThread3(i)).start();
        }
    }
}

class SyncThread3 implements java.lang.Runnable {
    private int tid;
    //在线程类内部定义一个静态共享资源 lock
    private static Object lock = new Object();

    public SyncThread3(int id) {
        this.tid = id;
    }

    public void run() {
```

```
            synchronized (lock) {
                for (int i = 0; i < 10; i++) {
                    System.out.println("线程 ID 名为：" + this.tid + "正在输出：" + i);
                }
            }
        }
    }
```

程序清单 5.11

比较 TestSyncThread3 和 TestSyncThread2 的区别，程序运行结果一样，但代码还是简化了不少。

实现多线程同步的推荐方法是同步方法，其语法形式如下：

```
访问修饰符 synchronized 返回类型 方法名{
    //同步方法体内代码块
}
```

每个类实例都对应一把锁，每个 synchronized()方法都必须获得调用该方法的类实例的锁方能执行，否则所属线程阻塞。synchronized()方法一旦执行，就独占该锁，直到该方法返回时才将锁释放，此后被阻塞的线程方能获得该锁，重新进入就绪状态。这种机制确保了同一时刻对于每个类实例，其所有声明为 synchronized 的方法中至多只有一个处于就绪状态，从而有效避免了类成员变量的访问冲突。

针对上面的案例，可以在线程类中定义一个静态方法，并在线程 run()方法里调用这个静态方法。静态方法是所有类实例对象所共享的，所以，所有线程对象在访问此静态方法时是互斥访问的，从而实现线程的同步。具体代码如程序清单 5.12 所示。

```
public class TestSyncThread4 {
    public static void main(String[] args) {
        for (int i = 0; i < 5; i++) {
            new Thread(new SyncThread4(i)).start();
        }
    }
}

class SyncThread4 implements java.lang.Runnable {
    private int tid;

    public SyncThread4(int id) {
        this.tid = id;
    }

    public void run() {
        doTask(this.tid);
    }

    //通过类的静态方法实现互斥访问
```

```
    private static synchronized void doTask(int tid) {
        for (int i = 0; i < 10; i++) {
            System.out.println("线程 ID 名为：" + tid + "正在输出：" + i);
        }
    }
}
```

程序清单 5.12

5.4.4 线程死锁

多线程同步，解决的是多线程的安全性问题，但同步也同时会带来性能损耗和线程死锁的问题。本节通过案例演示什么是线程死锁，并简单介绍解决线程死锁的方法。

1．线程死锁简介

多线程同步采用了同步代码块和同步方法的方式，依靠的是锁机制实现了互斥访问。因为是互斥的访问，所以是用串行执行的方式替代了原有的多线程并发执行，因此存在性能问题。

多线程同步的性能问题仅仅是快和慢的问题，但如果出现了线程死锁，那将导致线程长期处于阻塞状态，严重影响系统的性能。

如果线程 A 只有等待线程 B 的完成才能继续，而在线程 B 中又要等待线程 A 的资源，那么这两个线程相互等待对方释放锁时就会发生死锁。出现死锁后，不会出现异常，因此不会有任何提示，只是相关线程都处于阻塞状态，无法继续运行。

下面仍然通过一个案例来演示线程的死锁，具体代码如程序清单 5.13 所示。

```
public class DeadLockThread {
    //创建两个线程之间竞争使用的对象
    private static Object lock1 = new Object();
    private static Object lock2 = new Object();

    public static void main(String[] args) {
        new Thread(new ShareThread1()).start();
        new Thread(new ShareThread2()).start();
    }

    private static class ShareThread1 implements Runnable {
        public void run() {
            synchronized (lock1) {
                try {
                    Thread.sleep(50);
                } catch (InterruptedException e) {
                    e.printStackTrace();
                }
                synchronized (lock2) {
                    System.out.println("ShareThread1");
                }
            }
```

```
            }
        }

        private static class ShareThread2 implements Runnable {
            public void run() {
                synchronized (lock2) {
                    try {
                        Thread.sleep(50);
                    } catch (InterruptedException e) {
                        e.printStackTrace();
                    }
                    synchronized (lock1) {
                        System.out.println("ShareThread2");
                    }
                }
            }
        }
    }
```

程序清单 5.13

在上面的代码中，创建了两个线程，竞争使用的对象 lock1 和 lock2，内部类 ShareThread1 在 run()方法中先尝试获取 lock1 的对象锁，然后尝试获取 lock2 的对象锁，并且只有 lock2 代码块运行结束被释放之后，lock1 对象锁才会被释放。类似地，内部类 ShareThread2 在 run()方法中先尝试获取 lock2 的对象锁，然后尝试获取 lock1 的对象锁，并且只有 lock1 代码块运行结束被释放之后，lock2 对象锁才会被释放。当这两个线程启动以后，分别握着第一个锁，等待第二个锁，程序发生死锁！

2．产生死锁的原因及条件

为什么会产生死锁？什么情况下可能会导致死锁？下面就来探讨在使用多线程时死锁产生的原因及必要条件。

死锁产生的原因有以下三个方面：

（1）系统资源不足。如果系统的资源充足，所有线程的资源请求都能够得到满足，自然就不会发生死锁。

（2）线程运行推进的顺序不合适。

（3）资源分配不当。

产生死锁的必要条件有以下四个：

（1）互斥条件：一个资源每次只能被一个线程使用。

（2）请求与保持条件：一个线程因请求资源而阻塞时，对已获得的资源保持不放。

（3）不剥夺条件：线程已获得的资源，在未使用完之前，不能强行剥夺。

（4）循环等待条件：若干线程之间形成一种头尾相接的循环等待资源关系。

只要系统发生死锁，这四个条件就必然成立；反之，只要破坏四个条件中的任意一个，就可以避免死锁的产生。

5.5 线程协作

通过之前的学习，已经了解并初步解决了多线程之间可能出现的问题，下一步学习的重点是如何让线程之间进行有效协作。线程协作的一个典型案例就是生产者和消费者问题，生产者和消费者的这种协作是通过线程之间的握手来实现的，而这种握手又是通过 Object 类的 wait()和 notify()/notifyAll()方法来实现的。下面具体来了解生产者和消费者问题。

有一家餐厅举办吃热狗活动，活动时有 5 个顾客来吃，3 个厨师来做。为了避免浪费，制作好的热狗被放进一个能装 10 个热狗的长条状容器中，并且按照先进先出的原则取热狗。如果长条容器被装满，则停止做热狗；如果顾客发现长条容器内的热狗吃完了，则提醒厨师再做热狗。这里的厨师就是生产者，顾客就是消费者。

这是一个线程同步问题，生产者和消费者共享同一个资源，并且生产者和消费者之间相互依赖、互为条件。对于生产者，当生产的产品装满了仓库，则需要停止生产，等待消费者消费后提醒生产者继续生产；对于消费者，当发现仓库中已没有产品时，则不能消费，等待生产者生产出产品以后通知消费者可以消费。

之前学习的 synchronized 关键字可实现对共享资源的互斥操作，但无法实现不同线程之间消息的传递。JDK 的 Object 类提供了 void wait()、void notify()、void notifyAll()三个方法，解决线程之间协作的问题。语法上，这三个方法都只能在 synchronized 修饰的同步方法或者同步代码块中使用，否则会抛出异常。下面是这三个方法的简单介绍。

（1）void wait()：当前线程等待，等待其他线程调用此对象的 notify()方法或 notifyAll()方法将其唤醒。

（2）void notify()：唤醒在此对象锁上等待的单个线程。如果有多个等待的线程，则随机唤醒一个。

（3）void notifyAll()：唤醒在此对象锁上等待的所有线程。

如图 5.10 所示的是线程等待与唤醒示意图。

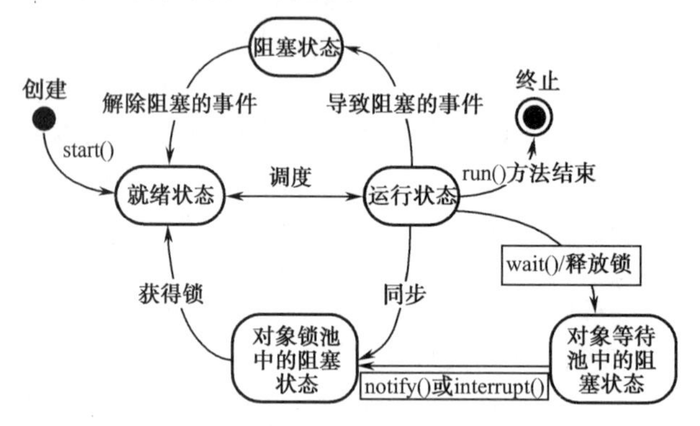

图 5.10 线程等待与唤醒

完成吃热狗活动的需求有一定的难度，现整理思路如下：

（1）定义一个集合模拟长条容器存放热狗，集合里实际存放 Integer 对象，其数值代表热狗的编号（热狗编号规则举例：300002 代表编号为 3 的厨师做的第 2 个热狗），这样能通过集合添加和删除操作实现长条容器内热狗的先进先出。

（2）以热狗集合作为对象锁，所有对热狗集合的操作（在长条容器中添加或取走热狗）

互斥，这样保证不会出现多个顾客同时取最后剩下的一个热狗的情况，也不会出现多个厨师同时添加热狗造成长条容器里热狗数大于 10 个的情况。

（3）当厨师希望往长条容器中添加热狗时，如果发现长条容器中已有 10 个热狗，则停止做热狗，等待顾客从长条容器中取走热狗的事件发生，以唤醒厨师可以重新进行判断是否需要做热狗。

（4）当顾客希望从长条容器中取走热狗时，如果发现长条容器中已没有热狗，则停止吃热狗，等待厨师往长条容器中添加热狗的事件发生，以唤醒顾客可以重新进行判断是否可以取走热狗吃。

实现此功能的代码如程序清单 5.14 所示。

```
import java.util.*;
public class TestProdCons {
    //定义一个存放热狗的集合，里面存放的是整数，代表热狗编号
    private static final List<Integer> hotDogs = new ArrayList<Integer>();

    public static void main(String[] args) {
        for (int i = 1; i <= 3; i++) {
            new Producer(i).start();
        }
        for (int i = 1; i <= 5; i++) {
            new Consumer(i).start();
        }
        try {
            Thread.sleep(2000);
        } catch (InterruptedException e) {
            e.printStackTrace();
        }
        System.exit(0);
    }

    //生产者线程，以热狗集合作为对象锁，所有对热狗集合的操作互斥
    private static class Producer extends Thread {
        int i = 1;
        int pid = -1;

        public Producer(int id) {
            this.pid = id;
        }

        public void run() {
            while (true) {
                try {
                    //模拟消耗的时间
                    Thread.sleep(100);
                } catch (InterruptedException e) {
                    e.printStackTrace();
```

```
                }
                synchronized (hotDogs) {
                    if (hotDogs.size() < 10) {
                        //热狗编号，如 300002 代表编号为 3 的生产者生产的第 2 个热狗
                        hotDogs.add(pid * 10000 + i);
                        System.out.println("生产者" + pid + "生产热狗，编号为：" + pid * 10000 + i);
                        i++;
                        //唤醒 hotDogs 对象锁上所有调用 wait()方法的线程
                        hotDogs.notifyAll();
                    } else {
                        try {
                            System.out.println("热狗数已到 10 个，等待消费！");
                            hotDogs.wait();
                        } catch (InterruptedException e) {
                            e.printStackTrace();
                        }
                    }
                }
            }
        }
    }

    //消费者线程，以热狗集合作为对象锁，所有对热狗集合的操作互斥
    private static class Consumer extends Thread {
        int cid = -1;

        public Consumer(int id) {
            this.cid = id;
        }

        public void run() {
            while (true) {
                synchronized (hotDogs) {
                    try {
                        //模拟消耗的时间
                        Thread.sleep(200);
                    } catch (InterruptedException e) {
                        e.printStackTrace();
                    }
                    if (hotDogs.size() > 0) {
                        System.out.println("消费者" + this.cid + "正在消费一个热狗，
                         其编号为：  " + hotDogs.remove(0));
                        hotDogs.notifyAll();
                    } else {
                        try {
                            System.out.println("已没有热狗，等待生产！");
                            hotDogs.wait();
```

```
                        } catch (InterruptedException e) {
                            e.printStackTrace();
                        }
                    }
                }
            }
        }
    }
}
```

程序清单 5.14

编译并运行程序，运行结果如图 5.11 所示。通过调整生产者和消费者模拟消耗的时间，重新编译并运行程序，程序运行结果会有所不同，读者可以尝试一下。

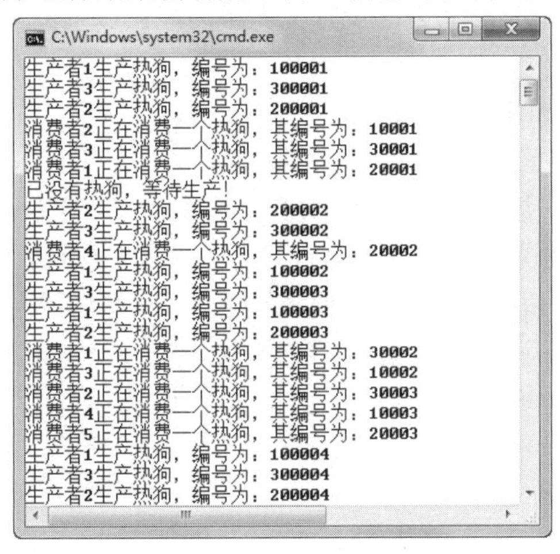

```
生产者1生产热狗，编号为：100001
生产者3生产热狗，编号为：300001
生产者2生产热狗，编号为：200001
消费者2正在消费一个热狗，其编号为：10001
消费者3正在消费一个热狗，其编号为：30001
消费者1正在消费一个热狗，其编号为：20001
已没有热狗，等待生产！
生产者2生产热狗，编号为：200002
生产者3生产热狗，编号为：300002
消费者4正在消费一个热狗，其编号为：20002
生产者1生产热狗，编号为：100002
生产者3生产热狗，编号为：300003
生产者1生产热狗，编号为：100003
生产者2生产热狗，编号为：200003
消费者1正在消费一个热狗，其编号为：30002
消费者3正在消费一个热狗，其编号为：10002
消费者2正在消费一个热狗，其编号为：30003
消费者4正在消费一个热狗，其编号为：10003
消费者5正在消费一个热狗，其编号为：20003
生产者1生产热狗，编号为：100004
生产者3生产热狗，编号为：300004
生产者2生产热狗，编号为：200004
```

图 5.11　生产者和消费者问题

5.6　本章小结

本章介绍了并发编程的基础知识——多线程，核心知识点如下所示：

（1）线程是系统中的最小执行单元；同一进程中可以存在多个线程，线程间可以共享资源。

（2）自定义线程类有两种方式：实现 Runnable 接口，或继承 Thread 类。由于我们推荐使用面向接口的编程风格，因此推荐使用前者。

（3）线程的逻辑代码写在 run()方法中，但是启动线程的方法是 start()方法。

（4）线程的生命周期可以分为新建、就绪、运行、阻塞、死亡等阶段。

（5）线程可以使用 synchronized 关键字进行数据同步，并且 synchronized()的参数可以是任何类型的对象。

（6）线程可以通过 wait()和 notify()/notifyAll()方法进行通信，并且这三个方法都必须写在被 synchronized 修饰的代码块中。

5.7 本章练习

单选题

（1）下列（　　）方法起的作用是“唤醒在此对象锁上等待的所有线程”。

A．notifyAll()　　B．notify()　　C．sleep()　　D．wait()

（2）以下关于线程的描述中错误的是（　　）。

A．线程通信时使用的 wait()、notify()/notifyAll()等方法都是在 Thread 类中定义的。

B．多线程处理类可以继承 Thread 类，同时覆写 run()方法。

C．多线程处理类可以实现 Runnable 接口，同时覆写 run()方法。

D．线程可以通过 setPriority()方法设置优先级，但在真正执行时，并不一定会按照优先级的顺序执行。

（3）以下关于线程的描述中正确的是（　　）。

A．一旦一个线程被创建，它就立即开始运行。

B．一旦一个线程被创建并且调用了 start()方法后，它就立即开始运行。

C．当一个线程因为抢先机制而停止运行时，它被放在可运行队列的前面。

D．使用 start()方法可以使一个线程成为可运行的，但是它不一定立即开始运行。

（4）下列哪个状况可以终止当前线程的运行？（　　）

A．当该线程调用 sleep()方法时。

B．当抛出一个异常时。

C．当创建一个新线程时。

D．当一个优先级高的线程进入就绪状态时。

（5）线程生命周期中正确的状态是（　　）。

A．新建状态、运行状态和终止状态。

B．新建状态、运行状态、阻塞状态和终止状态。

C．新建状态、就绪状态、运行状态、阻塞状态和终止状态。

D．新建状态、就绪状态、运行状态、恢复状态和终止状态。

（6）以下关于 Java 线程的描述中正确的是（　　）。

A．线程启动的方法是 run()。

B．线程启动的方法是 start()。

C．java.lang.Thread 类和 java.lang.Runnable 接口都可以用于定义线程对象，因此二者可以各自独立地用于创建及启动线程。

D．Java 中定义的线程类是 java.lang.Runnable。

（7）在一个线程中 sleep(1000)方法，将使得该线程在多少时间后获得对 CPU 的控制（假设睡眠过程中不会有其他事件唤醒该线程）？（　　）

A．正好 1000ms　　B．小于 1000ms

C．大于等于 1000ms　　D．不一定

第 6 章 Java 网络编程 API

本章简介

网络编程，在初级阶段可以简单地理解为通过网络进行数据的发送和接收。本章在讲解网络编程前，将先介绍网络协议、IP 地址和域名等与网络相关的基础概念，在理解这些概念的基础上，介绍如何使用 Java 进行基于 TCP 和 UDP 两种方式的网络编程。最后，会使用本章讲解的知识实现一个简单的网络爬虫程序。

6.1 网络基础

6.1.1 网络协议

计算机网络是指将地理位置不同的具有独立功能的多台计算机及其外部设备，通过通信线路连接起来，并在网络操作系统、网络管理软件及网络通信协议的管理和协调下，实现资源共享和信息传递的计算机系统。

在人类社会中，人与人之间的交流是通过各种语言来实现的，而这些交流的语言都遵循着一定的“协议”，例如，汉语中定义着名词、动词、形容词等，每个字句也都有明确的语义。简而言之，语言协议是人类能够沟通的前提。类似地，网络协议就是为计算机网络中进行数据交换而建立的规则、标准或约定的集合。

网络协议通常由以下 3 个要素组成：

（1）语义：规定了通信双方为了达成某种目的，需要发出何种控制信息，以及基于这个信息需要做出何种行动。例如，A 处民宅发生火灾，需要向 B 处城市报警台报警，则 A 发送“119+民宅地址”信息给 B，B 获得这个信息后根据 119 知道是火警，则通知消防队去民宅地址灭火。

（2）语法：是用户数据与控制信息的结构和格式，以及数据出现的先后顺序。例如，语法可以规定 A 向 B 发送的数据前部是“119”，后部是“民宅地址”。

（3）时序：是对事件发生顺序的详细说明。例如，何时进行通信，先讲什么，后讲什么，讲话的速度等。

这 3 个要素可以描述为：语义表示要做什么，语法表示要怎么做，时序表示做的顺序。

6.1.2 网络分层模型

在计算机网络中，由于计算机、网络设备之间的联系很复杂，制定协议就是为了减少网络设计的复杂性。绝大多数网络采用分层设计方法。分层设计方法首先确定层次及每层应完成的任务，确定层次时应按逻辑组成功能细化层次，使得每层功能相对单一、易于处理。将整个网络通信功能划分为垂直的层次后，在通信过程中下层将向上层隐蔽下层的实现细节，而上层也只按接口要求获取信息，这样各层之间既独立同时又能顺利传递信息。

国际标准化组织（ISO）在 1978 年提出了“开放系统互连参考模型”，即著名的 OSI/RM 模型（Open System Interconnection/Reference Model）。它将计算机网络体系结构的通信协议划分为七层，自下而上依次为物理层（Physics Layer）、数据链路层（Data Link Layer）、网络层（Network Layer）、传输层（Transport Layer）、会话层（Session Layer）、表示层（Presentation Layer）、应用层（Application Layer）。开发者也经常将这种分层模型称为 OSI 七层模型。

除了 OSI 七层模型，另一种常见的分层模型是 TCP/IP 四层协议模型。TCP/IP 四层协议模型定义了电子设备如何连入因特网以及数据如何在它们之间传输的标准。协议采用了四层的层次结构，自下而上依次为网络接口层（Network Interface Layer）、网络层（Network Layer）、传输层（Transport Layer）和应用层（Application Layer）。

可以将 TCP/IP 四层协议模型理解为 OSI 七层模型的简化版，并且 TCP/IP 四层协议模型还可以再拆分成五层协议模型。TCP/IP 协议模型与 OSI 参考模型的对应关系如图 6.1 所示。

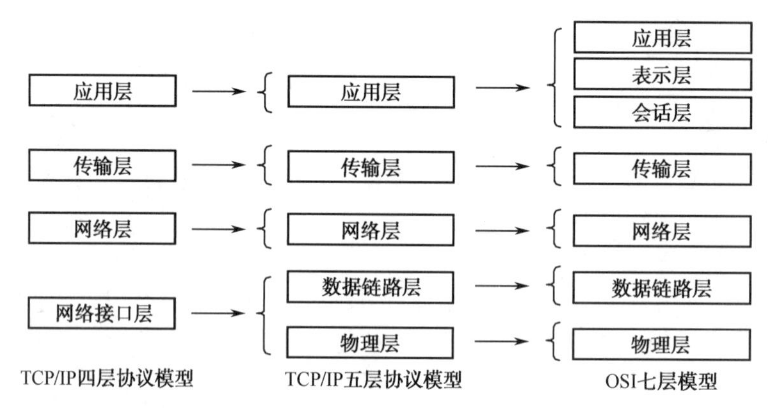

图 6.1 TCP/IP 协议模型与 OSI 参考模型的对应关系

6.1.3 TCP/IP 协议简介

接下来将按照从上往下的顺序，依次介绍 TCP/IP 四层协议模型中每一层的含义。

（1）网络接口层。

TCP/IP 协议模型中的网络接口层对应于 OSI 参考模型的物理层和数据链路层。其中，物理层规定了物理介质的各种特性，包括机械特性、电子特性、功能特性和规程特性；而数据链路层负责接收 IP 数据报并通过网络发送，或从网络上接收物理帧再抽离出 IP 数据报交给网络层。

（2）网络层。

网络层对应于 OSI 参考模型的网络层，提供源设备和目的设备之间的信息传输服务。它在数据链路层提供的两个相邻端点之间的数据帧的传送功能基础上，进一步管理网络中的数据通信，设法将数据从源端经过若干中间节点传送到目的端，从而向传输层提供最基本的端到端的数据传送服务。网络层的主要功能包括处理来自传输层的分组请求，收到请求后检查合法性并将分组装入 IP 数据报，填充报头，选择去往目的设备的路径，然后将数据报发往适当的中间节点，最终达到目的端。

（3）传输层。

传输层对应于 OSI 参考模型的传输层，提供进程之间的端到端服务。传输层是 TCP/IP 协议族中最重要的一层，负责总体的数据传输和控制。其主要功能包括分割和重组数据并提供差错控制和流量控制，以达到提供可靠传输的目的。为了实现可靠的传输，传输层协议规定接收端必须发送确认信息以确定数据达到，假如数据丢失，必须重新发送。

传输层协议主要包括：

①传输控制协议（Transmission Control Protocol，TCP），是一种可靠的面向连接的传输服务协议。在 TCP/IP 协议族中，TCP 提供可靠的连接服务，采用“三次握手”建立一个连接。

第一次握手：建立连接时，源端发送同步序列编号（Synchronize Sequence Numbers，SYN）包（SYN = j）到目的端，等待目的端确认。

第二次握手：目的端收到 SYN 包，确认源端的 SYN（ACK = j+1），同时自己也发送一个 SYN 包（SYN = k），即 SYN + ACK 包。

第三次握手：源端收到目的端的 SYN + ACK 包，向目的端发送确认包 ACK（ACK = k+1）。此包发送完毕，源端和目的端完成三次握手，源端可以向目的端发送数据。

在使用 TCP 传输数据之前，双方会通过握手的方式来进行初始化，握手的目的是使数据段的发送和接收同步，建立虚连接。在建立虚连接以后，TCP 每次发送的数据段都有顺序号，这样目的端就可以知道是否已经收到所有的数据段，同时在接收到数据段以后，必须在一个指定的时间内发送一个确认信息。如果发送方没有接收到这个确认信息，它将重新发送数据段。如果收到的数据段有损坏，接收方直接丢弃，因为没有发送确认信息，所以发送方也会重新发送数据段。

②用户数据报协议（User Datagram Protocol，UDP），是另外一个重要的协议，它提供的是无连接、面向事务的简单不可靠信息传送服务。UDP 不提供分割、重组数据和对数据进行排序的功能，也就是说，当数据发送之后，无法得知其是否能安全完整地到达。

在选择使用传输层协议时，选择 UDP 必须谨慎。因为在网络环境不好的情况下，数据丢失会比较严重。但使用 UDP 也有好的一面，因为 UDP 是无连接的、不可靠的协议，因而具有资源消耗小、处理速度快的优点，所以在进行音频和视频传送时使用 UDP 较多。

（4）应用层。

应用层对应于 OSI 七层模型的会话层、表示层和应用层，该层向用户提供一组常用的应用程序服务，如电子邮件、文件传输访问、远程登录等。

应用层协议主要包括：

①文件传输协议（File Transfer Protocol，FTP），上传、下载文件可以使用 FTP 服务。

②TELNET 协议，提供用户远程登录的服务，使用明码传送，保密性差，但简单方便。

③域名解析服务（Domain Name Service，DNS），提供域名和 IP 地址之间的解析转换。

④简单邮件传输协议（Simple Mail Transfer Protocol，SMTP），用来控制邮件的发送、中转等。

⑤超文本传输协议（Hypertext Transfer Protocol，HTTP），用于实现互联网中的 WWW

服务。

⑥邮局协议的第三个版本（Post Office Protocol 3，POP3），是规定个人计算机如何连接到互联网上的邮件服务器进行邮件收发的协议。

6.1.4 数据封装和解封

自上而下来看，每一层负责接收上一层的数据，根据本层的需要进行数据处理，并增加本层的头部信息后转发到下一层。自下而上来看，当收到来自下层的数据以后，会查看本层的头部信息是否正确，是否需要合并或进行其他处理，然后完成相应的操作，之后再去掉本层添加的头部信息并提交给上一层。

以传输层、网络层和数据链路层为例，此 3 层从上到下的顺序依次是传输层、网络层、数据链路层。网络层在接收到传输层的数据后，会先对接收到的数据进行处理，然后再在处理后的数据上增加本层的头部信息（如 IP 头部），最后再将增加了头部信息的数据转发给它的下一层（即数据链路层）。以上就是从上层（传输层）将数据传递给下层（网络层）的基本流程。现在再看一个反向的流程，即下层是如何将数据传递给上层的。当网络层接收到数据链路层的数据后，会先查看本层的头部信息（如 IP 头部）是否正确，再根据协议内容判断是否需要进行合并或其他操作，之后再去掉本层的头部信息（如 IP 头部）并提交给它的上一层（即传输层）。

完整的 OSI 七层协议数据封装和解封的过程如图 6.2 所示。

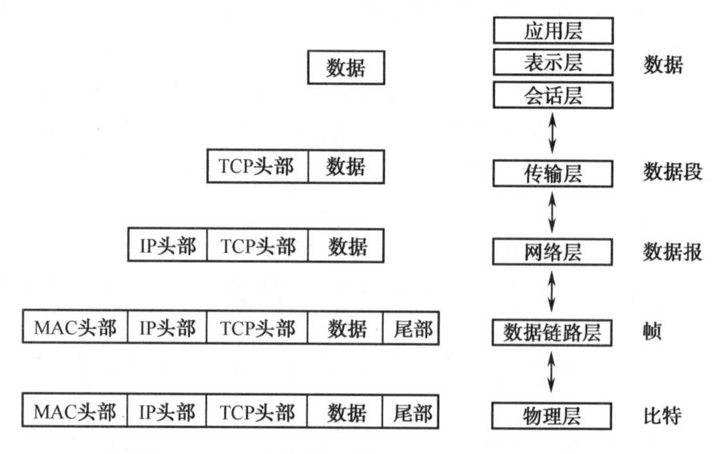

图 6.2 OSI 七层协议数据封装和解封的过程

6.1.5 IP 地址和域名

在前面的内容中已经提到了 IP 地址，接下来系统地介绍什么是 IP 地址，以及 IP 地址与域名的关系。

1. IP 地址

在现实生活中，每个地理位置都有一个详细的通信地址，根据这个通信地址，可以将信件、快递物品送到指定的位置。在网络上，每台要通信的主机也必须有一个 IP 地址，其他主机可以通过这个 IP 地址找到它。此处以 IPv4 为基础进行介绍。

IP 地址由两部分组成：网络号和主机号。网络号用来标识这个 IP 地址属于哪一个网络，就像一个通信地址中都有一个城市名一样。一个网络当中的所有主机应该有相同的网络号。主机号用来标识这个网络中的唯一一台主机，相当于通信地址中的街道门牌号。

IP 地址有两种表示方式：二进制表示和点分十进制表示，常见的是点分十进制表示的 IP 地址。二进制 IP 地址的长度为 32 位，每 8 位组成一个部分，这样一个 IP 地址可以分为 4 个部分。如果每个部分用十进制数表示，其值的范围为 0～255。例如，用点分十进制表示的 IP 地址 119.186.211.92，其二进制表示为 01110111 10111010 11010011 01011100。可以看出，在使用十进制表示的时候，不同部分之间用“.”分割开来。

2. 域名

域名（Domain Name）是由一串用“.”分隔的字符串组成的 Internet 上某一台计算机或计算机组的名称，用于在进行数据传输时标识计算机的电子方位。

在网络中，要想找到一台主机，是通过 IP 地址寻找的。但 IP 地址是数字标识，难以记忆，因此，在 IP 地址的基础上又发展出一种符号化的地址方案，来代替数字型的 IP 地址。每个符号化的地址都与特定的 IP 地址对应，这样访问网络上的资源就容易得多了。这个与网络上的数字型 IP 地址相对应的字符型地址就是域名，如 www.sohu.com 就是搜狐网的域名。

域名可分为不同级别，包括顶级域名、二级域名等。

（1）顶级域名又可分为以下两类：

一类是国家/地区顶级域名，200 多个国家/地区都按照 ISO 3166 国家代码分配了顶级域名，例如，中国是 cn，美国是 us，韩国是 kr 等。

另一类是国际顶级域名，一般表示注册企业的类别，例如，表示工商企业的 com，表示网络提供商的 net，表示非营利组织的 org 等。

（2）二级域名是指顶级域名之下的域名，例如，在国际顶级域名下，由域名注册人申请注册的网上名称，如 sohu、apple、microsoft 等。

6.2 Java 网络工具类

Java 语言从其诞生开始，就和网络紧密联系在一起。在其发展过程中，Java 在面向企业的服务器平台取得了广泛的成功。而如今，在移动互联的世界，Java 与网络的关系又向前迈进了一步。

6.2.1 InetAddress 类

在 TCP/IP 协议族中，是通过 IP 地址来标识网络上的一台主机的。假设需要在程序中获取本机的 IP 地址，该如何编写代码呢？通过查阅 JDK API 文档获悉，在 Java 中，使用 java.net 包下的 InetAddress 类表示互联网协议的 IP 地址。下面的案例演示了如何获得本地主机的 IP 地址，具体代码见程序清单 6.1。

```
import java.net.*;
public class TestGetIP {
    public static void main(String args[]) {
        InetAddress myIP = null;
        try {
            //通过 InetAddress 类的静态方法，返回本地主机对象
            myIP = InetAddress.getLocalHost();
```

```
            } catch (Exception e) {
                e.printStackTrace();
            }
            //通过 InetAddress 类的 getHostAddress()方法获得 IP 地址字符串
            System.out.println(myIP.getHostAddress());
    }
}
```

程序清单 6.1

编译并运行程序，显示出本地主机的 IP 地址。如果不仅想获得本地主机的 IP 地址，还想根据用户输入的域名获取这个域名在互联网上的 IP 地址呢？程序清单 6.2 所示代码演示了此功能。

```
import java.util.Scanner;
import java.net.*;
public class TestGetIP2 {
    public static void main(String args[]) {
        InetAddress sohuIP = null;
        Scanner input = new Scanner(System.in);
        System.out.print("请输入要查询 IP 地址的域名：");
        String dName = input.next();
        try {
            //通过 InetAddress 类的静态方法，返回指定域名的 IP 地址对象
            sohuIP = InetAddress.getByName(dName);
        } catch (Exception e) {
            e.printStackTrace();
        }
        System.out.println("域名：" + dName + " 对应的 IP 地址为：" + sohuIP.getHostAddress());
    }
}
```

程序清单 6.2

编译并运行程序，运行结果如图 6.3 所示。

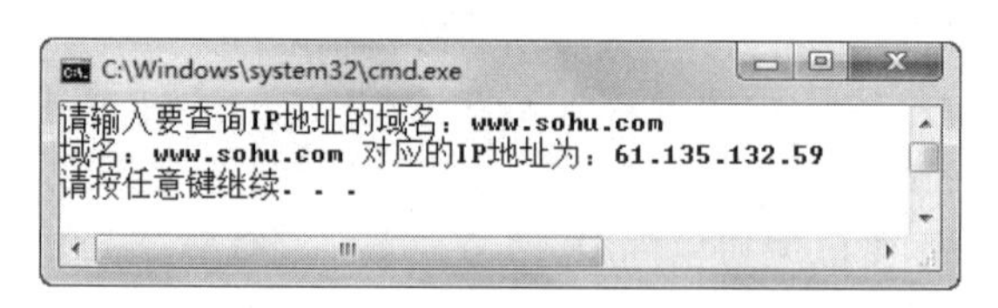

图 6.3　获取指定域名的 IP 地址

上面的两个例子中，创建 InetAddress 类对象都未使用构造方法，而是通过 InetAddress 类的静态方法来实例化。以下列出了通过 InetAddress 类的静态方法获取 InetAddress 对象的方法：

（1）InetAddress[] getAllByName(String host)：在给定主机名的情况下，根据系统上配置的名称服务 host 返回其 IP 地址所组成的数组。

（2）InetAddress getByAddress(byte[] addr)：给定字节数组形式的 IP 地址，返回 InetAddress 对象。

（3）InetAddress getByAddress(String host, byte[] addr)：根据提供的主机名 host 和字节数组形式的 IP 地址 addr，创建 InetAddress 对象。

（4）InetAddress getByName(String host)：给定主机名 host，返回 InetAddress 对象。

（5）InetAddress getLocalHost()：返回本地主机 InetAddress 对象。

InetAddress 类的其他常用方法有以下几种：

（1）byte[] getAddress()：返回此 InetAddress 对象的原始 IP 地址。

（2）String getCanonicalHostName()：返回此 IP 地址的完全限定域名。完全限定域名是指主机名加上全路径，全路径中列出了序列中所有域成员。

（3）String getHostAddress()：返回 IP 地址字符串。

（4）String getHostName()：返回此 IP 地址的主机名。

6.2.2 URL 类

URL 类代表一个统一资源定位符，它是指向互联网资源的指针。资源可以是简单的文件或目录，也可以是对更为复杂的对象的引用，如对数据库或搜索引擎的查询。

下面通过一个案例来演示如何获取网络上指定资源（http://127.0.0.1:8080/examples/index.html）的信息，HTML 代码如程序清单 6.3 所示。

```
<!DOCTYPE HTML PUBLIC "-//W3C//DTD HTML 4.0 Transitional//EN">
<HTML>
    <HEAD>
        <TITLE>Apache Tomcat Examples</TITLE>
        <META http-equiv=Content-Type content="text/html">
    </HEAD>
    <BODY>
        <P>
        <H3>Apache Tomcat Examples</H3>
        </P>
        <ul>
            <li><a href="servlets">Servlets examples</a></li>
            <li><a href="jsp">JSP Examples</a></li>
        </ul>
    </BODY>
</HTML>
```

程序清单 6.3

这个案例的具体需求为：先输入要定位的 URL 地址，然后输入要显示哪个页面标签元素的内容。程序显示该标签的具体内容，具体代码见程序清单 6.4。

```
import java.util.Scanner;
import java.net.*;
import java.io.*;
public class TestURL {
```

```
    public static void main(String args[]) {
        URL tURL = null;
        BufferedReader in = null;
        Scanner input = new Scanner(System.in);
        System.out.print("请输入要定位的 URL 地址：");
        String url = input.next();
        System.out.print("请输入要显示哪个页面标签元素的内容：");
        String iStr = input.next();
        try {
            //通过 URL 字符串创建 URL 对象
            tURL = new URL(url);
            in = new BufferedReader(new InputStreamReader(tURL.openStream()));
            String s;
            while ((s = in.readLine()) != null) {
                if (s.contains(iStr))
                    System.out.println(s);
            }
        } catch (Exception e) {
            e.printStackTrace();
        } finally{
            //省略释放资源的操作
        }
    }
}
```

程序清单 6.4

编译并运行程序，先后输入“http://127.0.0.1:8080/examples/index.html”和“TITLE”，运行结果如图 6.4 所示。

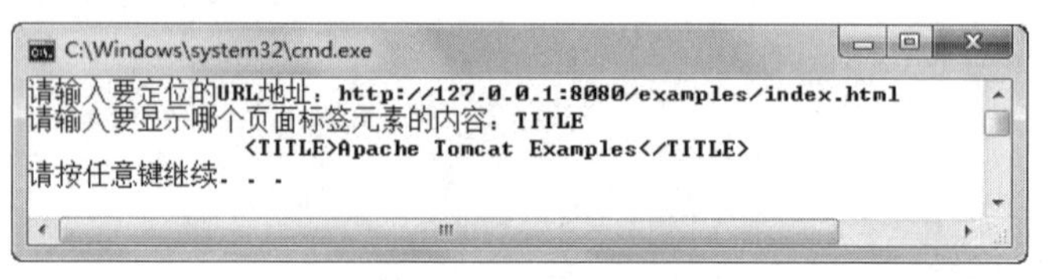

图 6.4　URL 类使用

6.2.3　URLConnection 类

前面介绍的 URL 类代表的是一个网络资源的位置，而接下来要介绍的 URLConnection 代表的是一种连接。此类的实例可用于读取和写入对应 URL 引用的资源。通常，创建一个到 URL 的连接 URLConnection 的对象需要以下几个步骤：

（1）通过在 URL 上调用 openConnection()方法创建连接对象。

（2）设置参数和一般请求属性。

（3）使用 connect()方法建立到远程对象的实际连接。

（4）远程对象变为可用，其中远程对象的头字段和内容变为可访问。

以下列出一些 URLConnection 类的属性及其含义：

（1）boolean doInput：将 doInput 标志设置为 true，指示应用程序要从 URL 连接读取数据，此属性的默认值为 true。此属性由 setDoInput()方法设置，其值由 getDoInput()方法返回。

（2）boolean doOutput：将 doOutput 标志设置为 true，指示应用程序要将数据写入 URL 连接，此属性的默认值为 false。此属性由 setDoOutput()方法设置，其值由 getDoOutput()方法返回。

（3）boolean useCaches：如果其值为 true，则只要有条件就允许协议使用缓存；如果其值为 false，则该协议始终必须获得此对象的新副本，其默认值为上一次调用 setDefaultUseCaches()方法时给定的值。此属性由 setUseCaches()方法设置，其值由 getUseCaches()方法返回。

URLConnection 类还有 2 个属性：connected 和 url。其中，connected 表示是否连接到了指定 url 对象；url 表示该 URLConnection 类在互联网上打开的网络对象。

另外，可以使用 setRequestProperty(String key, String value)方法以覆盖的方式设置请求属性。

下面通过程序清单 6.5 所示的案例，简要说明 URLConnection 类的使用。本案例涉及一些暂未讲解的 API，在阅读代码时，如果有不明白的地方，可暂时跳过。

```
import java.net.*;
import java.io.*;
public class TestURLConnection {
    public static void main(String args[]) {
        try {
            //（1）通过在 URL 上调用 openConnection()方法创建连接对象
            URL url = new URL("http://127.0.0.1:8080/examples/index.html");
            //根据 URL 获取 URLConnection 对象
            URLConnection urlC = url.openConnection();
            //请求协议是 HTTP 协议，故可转换为 HttpURLConnection 对象
            HttpURLConnection hUrlC = (HttpURLConnection) urlC;
            //（2）设置参数和一般请求属性
            //请求方法如果是 POST，参数要放在请求体里，所以要向 hUrlC 输出参数
            hUrlC.setDoOutput(true);
            //设置是否从 httpUrlConnection 读入，默认情况下为 true
            hUrlC.setDoInput(true);
            //请求方法如果是 POST，不能使用缓存
            hUrlC.setUseCaches(false);
            //设置 Content-Type 属性
            hUrlC.setRequestProperty("Content-Type", "text/plain; charset=utf-8");
            //设定请求的方法为 POST，默认为 GET
            hUrlC.setRequestMethod("POST");
            //（3）使用 connect 方法建立到远程对象的实际连接
            hUrlC.connect();
            //（4）远程对象变为可用
            //通过 HttpURLConnection 获取输出、输入流，可根据需求进一步操作
            OutputStream outStrm = hUrlC.getOutputStream();
            InputStream inStrm = hUrlC.getInputStream();
            //省略若干代码
        } catch (Exception e) {
```

```
                    e.printStackTrace();
                }
            }
        }
```

程序清单 6.5

6.3 Socket 编程

Socket 通常也称为套接字，应用程序通常通过套接字向网络发出请求或者应答网络请求。Java 语言中的 Socket 编程常用到 Socket 和 ServerSocket 这两个类。Socket 用于端对端的通信，而 ServerSocket 常用于服务端对象的创建，它们都位于 java.net 包中。

6.3.1 基于 TCP 的 Socket 编程

Socket 首先用于建立网络连接，在连接成功后，应用程序两端都会产生一个 Socket 实例，操作这个实例，完成所需的会话。关于 Socket 和 ServerSocket 类的具体方法，这里不再一一介绍，大家可自行查阅 JDK API 文档。

图 6.5 展示了基于 TCP 的 Socket 编程示意图。

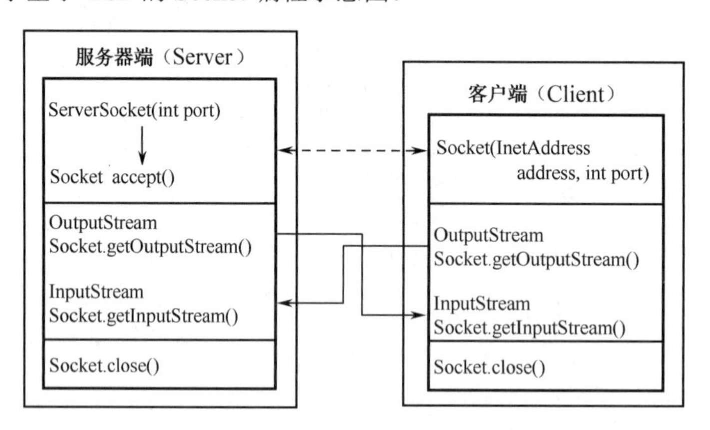

图 6.5 基于 TCP 的 Socket 编程

从图 6.5 可见，Socket 编程是由服务器端和客户端两部分组成的，并且二者是相互交错通信的，因此，在编写代码时就不能像以前那样先把一个类写完之后再编写第二个类，而应该是交错式地同步编写。例如，先在服务端类中创建服务对象及 accept()方法，然后编写客户端类，在客户端类中创建 Socket 对象，之后再切换到服务端类编写 OutputStream 对象……换句话说，在 Socket 编程中，服务端和客户端互为依赖，在编写代码时二者都需要借助对方的已有代码。

以下通过案例讲解基于 TCP 的 Socket 编程的具体实现。

在服务器端，创建一个 ServerSocket 对象并指定一个端口号，使用 ServerSocket 类的 accept()方法使服务器处于阻塞状态，等待用户请求。

在客户端，通过指定一个 InetAddress 对象和一个端口号，创建一个 Socket 对象，通过这个 Socket 对象连接到服务器。

首先来看服务器端程序，具体代码见程序清单 6.6。

```
import java.net.*;
import java.io.*;
public class TestServer {
    public static void main(String args[]) {
        try {
            //创建一个 ServerSocket 对象，并指定端口号为 8888
            ServerSocket s = new ServerSocket(8888);
            while (true) {
                //侦听并接受到此套接字的连接
                Socket s1 = s.accept();
                OutputStream os = s1.getOutputStream();
                DataOutputStream dos = new DataOutputStream(os);
                dos.writeUTF("客户端 IP：" + s1.getInetAddress().getHostAddress()
                  + "客户端端口号：" + s1.getPort());
                dos.close();
                s1.close();
            }
        } catch (IOException e) {
            e.printStackTrace();
            System.out.println("程序运行出错！");
        } catch (Exception e) {
            e.printStackTrace();
        }
    }
}
```

程序清单 6.6

该服务器端程序的作用就是监听 8888 端口，当有发送到本机 8888 端口的 Socket 请求时，建立输出流，将通过 accept()方法创建的 Socket 对象的 IP 地址和端口号输出到客户端。编译并运行程序，使服务器启动并处于监听状态。

客户端程序的代码如程序清单 6.7 所示。

```
import java.net.*;
import java.io.*;
public class TestClient {
    public static void main(String args[]) {
        try {
            //通过 IP 地址和端口号，创建一个 Socket 对象
            Socket s1 = new Socket("127.0.0.1", 8888);
            //建立输入数据流
            InputStream is = s1.getInputStream();
            DataInputStream dis = new DataInputStream(is);
            System.out.println(dis.readUTF());
            dis.close();
            s1.close();
```

```
        } catch (ConnectException e) {
            e.printStackTrace();
            System.err.println("服务器连接失败！ ");
        } catch (IOException e) {
            e.printStackTrace();
        } catch (Exception e) {
            e.printStackTrace();
        }
    }
}
```

程序清单 6.7

客户端程序通过 IP 地址 127.0.0.1 和端口号 8888，创建一个客户端 Socket 对象，建立输入数据流，通过输入数据流读取指定 IP 地址和端口号上服务器端程序的输出，并在控制台将服务器的输出显示出来。

编译并运行程序，运行结果如图 6.6 所示。

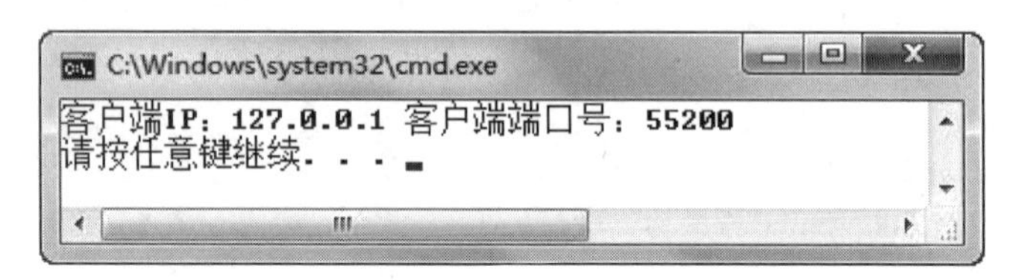

图 6.6　使用 Java Socket 编程

在这个通过 Java Socket 编程实现的客户端、服务器端程序中，客户端仅仅是向服务器端发起了一个请求，但并没有具体的请求内容；而服务器端是在接收到请求后，将固定在程序中的内容发送给了客户端，之后客户端将接收的内容打印出来。接下来对上面的案例进行调整，使服务器端和客户端均可以接收或向对方发送数据。此外，为了提高效率，在本案例的服务器端程序中还加入了多线程技术，完整地实现了一个客户端与服务器端的双向聊天案例。服务器端程序具体代码见程序清单 6.8。

```
import java.io.*;
import java.net.ServerSocket;
import java.net.Socket;
import java.util.Scanner;

class ServerThread extends Thread {
    Socket socket;
    Scanner input = new Scanner(System.in);

    public ServerThread(Socket socket) {
        this.socket = socket;
    }

    @Override
    public void run() {
```

```
            InputStream in = null;
            OutputStream out = null;
            try {
                in = socket.getInputStream();
                out = socket.getOutputStream();
                DataOutputStream dos = new DataOutputStream(out);
                DataInputStream dis = new DataInputStream(in);
                String str = null;

                while (true) {
                    if ((str = dis.readUTF()) != null) {
                        if (str.equals("e")) break;
                        System.out.println("客户端发来的内容：" + str);
                    }

                    //服务器端向客户端发送响应内容
                    System.out.println("请输入要向客户端发送的信息：");
                    String msg = input.nextLine();
                    dos.writeUTF(msg);
                    System.out.println();
                }

                dis.close();
                dos.close();
                socket.close();
            } catch (EOFException e) {
                System.out.println(" 客 户 端 " + socket.getInetAddress().getHostAddress() + ":" +
socket.getPort() + "退出！");
            } catch (IOException e) {
                e.printStackTrace();
            } catch (Exception e) {
                e.printStackTrace();
            }
        }
    }

    public class TestSockServer {
        public static void main(String[] args) {
            try {
                ServerSocket serverSocket = new ServerSocket(8888);
                while (true) {
                    Socket socket = serverSocket.accept();
                    ServerThread serverThread = new ServerThread(socket);
                    serverThread.start();
                }
            } catch (IOException e) {
                e.printStackTrace();
```

```
            }
        }
    }
```

程序清单 6.8

客户端具体代码如程序清单 6.9 所示。

```
import java.io.*;
import java.net.Socket;
import java.net.UnknownHostException;
import java.util.Scanner;

public class TestSockClient {
    public static void main(String[] args) {
        Scanner input = new Scanner(System.in);
        InputStream is = null;
        OutputStream os = null;
        DataInputStream dis = null;
        DataOutputStream dos = null;
        String receive = null;
        try {
            Socket socket = new Socket("localhost", 8888);

            while (true) {
                is = socket.getInputStream();
                os = socket.getOutputStream();
                dis = new DataInputStream(is);
                dos = new DataOutputStream(os);
                //客户端向服务器端发送请求内容
                System.out.println("请输入要向服务端发送的信息（输入\"e\"结束会话）：");
                String msg = input.nextLine();
                if (msg.equals("e")) {
                    System.out.println("已退出聊天！");
                    break;
                }

                dos.writeUTF(msg);
                if ((receive = dis.readUTF()) != null)
                    System.out.println("\n 服务端发来的内容：" + receive);

            }
            dos.close();
            dis.close();
            socket.close();
        } catch (UnknownHostException e) {
            e.printStackTrace();
        } catch (IOException e) {
```

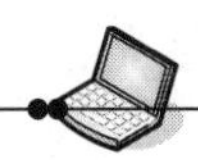

```
                e.printStackTrace();
            } catch (Exception e) {
                e.printStackTrace();
            }
        }
    }
```

程序清单 6.9

每当有一个客户端连接到服务器端时，服务器端都会创建一个线程去处理这个客户端的请求。在客户端和服务器端双向聊天时，程序的基本流程是：客户端通过 Socket 输出流向服务器端发送一句聊天内容（来自控制台用户输入），之后服务器端通过 Socket 输入流接收到这条聊天内容并打印显示，然后再通过 Socket 输出流向客户端反馈一条聊天内容（也来自控制台用户输入），之后客户端再通过 Socket 输入流接收这条聊天内容……

编译并运行服务器端、客户端程序，客户端和服务器端的一次聊天截图分别如图 6.7 和图 6.8 所示。

C:\Windows\System32\cmd.exe
D:\dev>java TestSocketServer
客户端发来的内容：hello server
请输入要向客户端发送的信息：
hello client
客户端发来的内容：nice to meet you
请输入要向客户端发送的信息：
nice to meet you ,too !
客户端127.0.0.1:3827退出！

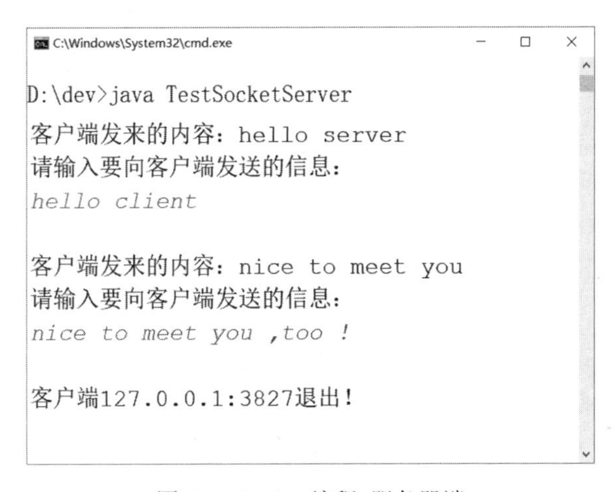

图 6.7　Socket 编程-服务器端

C:\Windows\System32\cmd.exe
D:\dev>java TestSocketClient
请输入要向服务端发送的信息（输入"e"结束会话）：
hello server
服务端发来的内容：hello client
请输入要向服务端发送的信息（输入"e"结束会话）：
nice to meet you
服务端发来的内容：nice to meet you ,too !
请输入要向服务端发送的信息（输入"e"结束会话）：
e
已退出聊天！

图 6.8　Socket 编程-客户端

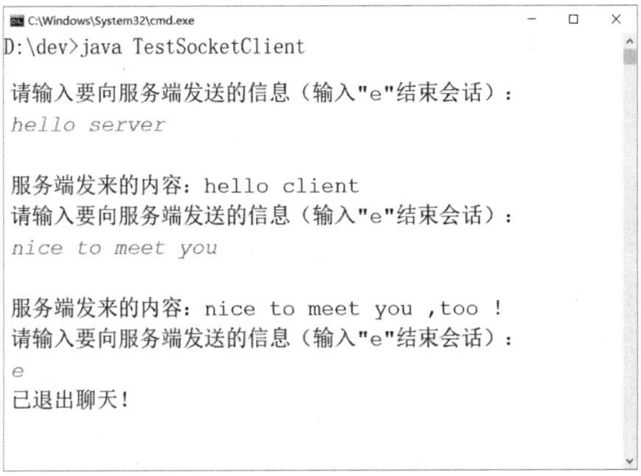

6.3.2 基于 UDP 的 Socket 编程

如前所述，UDP 即用户数据报协议，提供的是无连接、不可靠信息传送服务。Java 主要提供了两个类来实现基于 UDP 的 Socket 编程。

（1）DatagramSocket：此类表示用来发送和接收数据报包的套接字。数据报套接字是包投递服务的发送或接收点，每个在数据报套接字上发送或接收的包都是单独编址和路由的。从一台机器发送到另一台机器的多个包可能选择不同的路由，也可能按不同的顺序到达。在 DatagramSocket 上总是启用 UDP 广播发送。

（2）DatagramPacket：此类表示数据报包，它用来实现无连接包投递服务。DatagramPacket 会根据该包中包含的地址和端口等信息，将报文从一台机器路由到另一台机器。

图 6.9 展示了基于 UDP 的 Socket 编程的示意图。

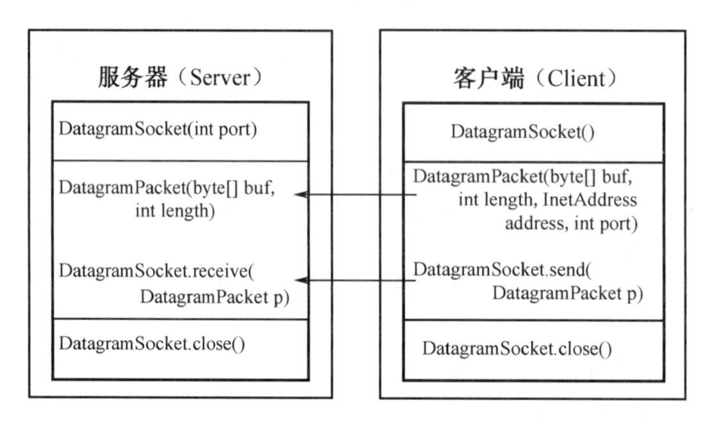

图 6.9　基于 UDP 的 Socket 编程

DatagramPacket 类主要有两个构造函数：

一个是用来接收数据的 DatagramPacket(byte[] recyBuf, int readLength)，用一个字节数组接收 UDP 包，recyBuf 数组在传递给构造函数时是空的，而 readLength 值用来设定要读取的字节数。

另一个是用来发送数据的 DatagramPacket(byte[] sendBuf, int sendLength, InetAddress iaddr, int port)，建立将要传输的 UDP 包，并指定 IP 地址和端口号。

接下来通过一个案例来演示 Java 如何实现基于 UDP 的 Socket 编程，其中，服务器端代码如程序清单 6.10 所示。

```
import java.net.*;
import java.io.*;
public class TestUDPServer {
    public static void main(String args[]) throws Exception {
        //创建数据报包的套接字，端口号为 8888
        DatagramSocket ds = new DatagramSocket(8888);
        byte buf[] = new byte[1024];
        //创建接收的数据报包
        DatagramPacket dp = new DatagramPacket(buf, buf.length);
        System.out.println("服务器端：");
```

```
        while (true) {
        //从此套接字接收数据报包
            ds.receive(dp);
            ByteArrayInputStream bais = new ByteArrayInputStream(buf);
            DataInputStream dis = new DataInputStream(bais);
            System.out.println(dis.readLong());
        }
    }
}
```

程序清单 6.10

客户端代码如程序清单 6.11 所示。

```
import java.net.*;
import java.io.*;
public class TestUDPClient {
    public static void main(String args[]) throws Exception {
        long n = 10000L;
        ByteArrayOutputStream baos = new ByteArrayOutputStream();
        DataOutputStream dos = new DataOutputStream(baos);
        dos.writeLong(n);
        byte[] buf = baos.toByteArray();
        System.out.println("客户端：");
        System.out.println(buf.length);
        //创建数据报包的套接字，端口号为 9999
        DatagramSocket ds = new DatagramSocket(9999);
        //创建发送的数据报包
        DatagramPacket dp = new DatagramPacket(buf, buf.length,
                new InetSocketAddress("127.0.0.1", 8888));
        //从此套接字发送数据报包
        ds.send(dp);
        ds.close();

    }
}
```

程序清单 6.11

编译并运行程序，运行结果如图 6.10 和图 6.11 所示。

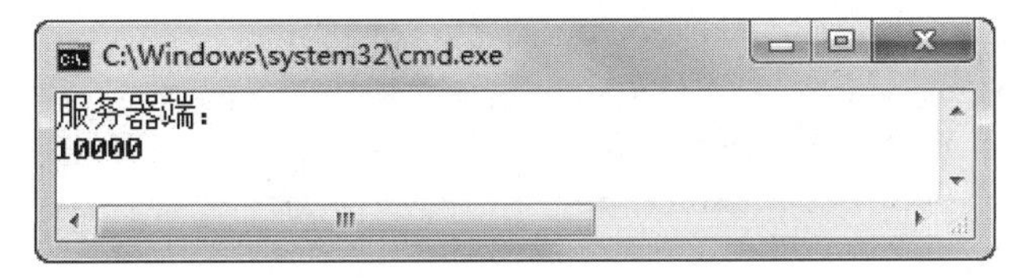

图 6.10　UDP Socket 编程-服务器端

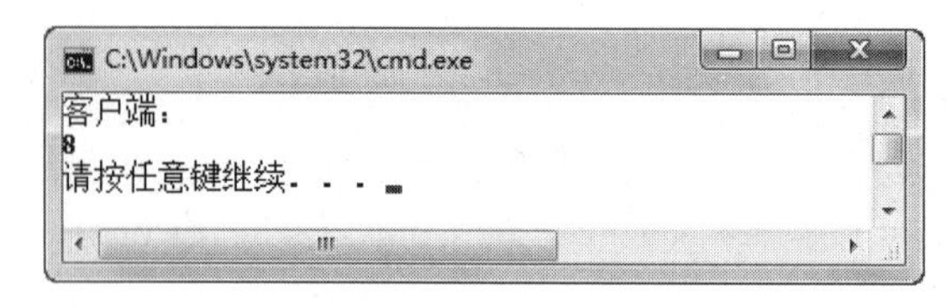

图 6.11　UDP Socket 编程-客户端

6.4　模拟爬虫

6.4.1　爬虫概述

随着软件技术的飞速发展，大数据、人工智能、区块链等技术如雨后春笋般飞速发展，但这些技术都需要有海量数据作为支撑。那么普通开发者要如何搜集海量数据呢？一种常见的做法就是使用网络爬虫，从互联网中爬取数据，典型的代表就是百度、谷歌等搜索引擎。

在实际进行爬虫开发时，通常会使用 HttpClient、JSoup 或 WebMagic 等框架来实现，但由于我们目前所学的知识有限，因此，本节会使用本章中介绍的 API 模拟实现一个简单的爬虫程序功能。

在正式学习爬虫之前，首先要强调的是，在使用爬虫时一定要遵循相关的法律法规，具体可参见 6.4.3 小节相关介绍。

6.4.2　使用底层技术实现爬虫

从技术体系而言，爬虫可以分为 3 个部分：获取海量数据、解析数据和存储数据。 其中，存储数据是后续学习 JDBC 和数据库的相关知识，本节主要介绍前两者。

1．获取海量数据

爬虫的首要任务就是从互联网上爬取需要的数据。目前我们已经学会了使用 URLConnection 建立网络资源到本地的连接，并且能将网络资源以输入流的形式传输到本地，因此，URLConnection 就可以实现“获取互联网上的数据”这一功能。

本案例模拟爬取蓝桥网首页（https://www.lanqiao.cn/）的数据，具体代码见程序清单 6.12。

```
public class TestCrawler {
    //获取蓝桥网首页的 HTML 源码
    public static String getResource() {
        BufferedReader reader = null;
        StringBuffer html = new StringBuffer();
        try {
            URL url = new URL("https://www.lanqiao.cn/");
            URLConnection urlConnection = url.openConnection();
            urlConnection.connect();
            reader = new BufferedReader(new InputStreamReader(urlConnection.getInputStream()));
            String line = null;
            while ((line = reader.readLine()) != null) {
                html.append(line);
            }
```

```
            } catch (Exception e) {
                e.printStackTrace();
            } finally {
                {
                    try {
                        if (reader != null) reader.close();
                    } catch (IOException e) {
                        e.printStackTrace();
                    }
                }
            }
            return html.toString();
        }

        public static void main(String[] args) {
            String html = getResource();
            System.out.println("蓝桥网首页的源码如下所示：\n"+html);
        }
    }
```

程序清单 6.12

编译并执行以上程序，就可以将蓝桥网首页的源码获取到本地，运行结果如图 6.12 所示。

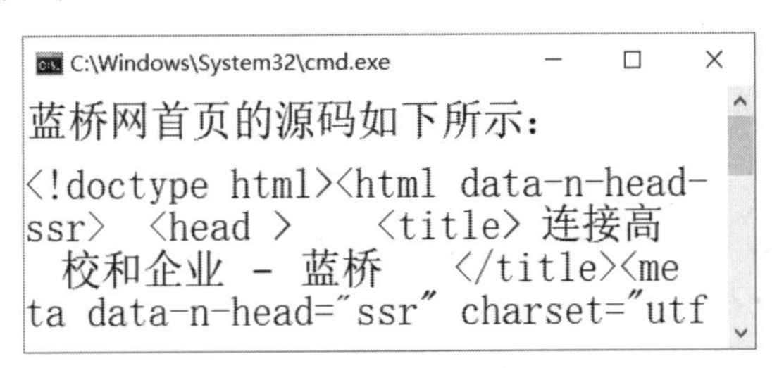

图 6.12　获取蓝桥网首页源码

2．解析数据

现在已经获取了蓝桥网首页的源码，接下来就需要解析源码，从中获取我们需要的数据。以下是蓝桥网首页的部分源码：

```
<!doctype html>
<html data-n-head-ssr>
  <head >
    <title>连接高校和企业 - 蓝桥</title>
      ...
    <meta data-n-head="ssr" data-hid="description" name="description"
    itemprop="description" content="...">
    ...
```

作为简单的模拟案例，我们仅从源码中解析出网站标题，即上述<meta>标签中的 content 值。如何解析呢？我们知道，源码其实就是字符串，因此，完全可以用字符串解析的相关方法进行解析。但纯字符串解析有些烦琐，此处将采用“正则表达式+字符串解析”结合的方

式来获取 content 值。

正则表达式描述了一种字符串匹配的模式（pattern），可以用来检查一个串是否含有某种子串，可替换匹配的子串，或者提取匹配的子串。这里仅对正则表达式的常用方法进行简单介绍。

（1）Pattern.compile(String regex)：根据参数 regex 创建一个正则表达式实例。

（2）Matcher matcher(CharSequence input)：对整个输入字符串 input 进行匹配。

假设现在要在 A 字符串中查找是否含有 B 内容，就可以通过以下形式进行匹配查询：

```
Pattern pattern = Pattern.compile(A);
Matcher matcher = pattern.matcher(B);
```

之后再结合 matcher.find()方法进行正则匹配，如果 matcher.find()的返回值为 true，就说明 A 中存在符合条件的 B，否则说明不存在。

程序清单 6.13 所示代码将从蓝桥网首页的源码中解析出<meta>标签中的 content 属性值。

```
import java.io.*;
import java.net.*;
import java.util.regex.*;
public class TestCrawler {
    //获取蓝桥网首页的 HTML 源码
    public static String getResource() {
        ...
    }

    // 从蓝桥网首页的源码中解析特定的数据
    public static String parseResource(String html) {
        /*
         (.+?) :表示匹配一次符合条件的值，即从蓝桥网首页的源码中寻找以下内容：
        <meta data-n-head="ssr" data-hid="description" name="description"
        itemprop="description" content=
        */
        Pattern pattern = Pattern.compile("meta data-n-head=\"ssr\"
                    data-hid=\"description\" name=\"description\" itemprop=\"description\"
                    content=\"(.+?)\"");
        //从蓝桥网首页的源码中提取符合 pattern 约束的字符串
        Matcher matcher = pattern.matcher(html);
        String result = null;
        //判断是否存在符合约束的字符串
        if (matcher.find()) {
            //提取出全部符合条件的值，即提取出<meta>标签中的 content 属性值
            result = matcher.group(0);
            result = result.substring(result.indexOf("content=") + "content=".length());
        }
        return result;
    }
```

```
    public static void main(String[] args) {
        String html = getResource();
        System.out.println("蓝桥网首页的源码如下所示：\n" + html);
        String result = parseResource(html);
        result = result == null ? "爬取失败" : result ;
        System.out.println("description 的 content 值是："+result);
    }
}
```

程序清单 6.13

编译并执行以上程序，就可以从蓝桥网首页获取的源码中解析出我们需要的 content 属性值了。

6.4.3　爬虫法律问题简述

爬虫可以将网络上的资源为我所用，但是那些资源的拥有者是否允许开发者爬取他们的数据呢？因此，在使用爬虫时，稍有不慎，就可能面临法律纠纷，大家在使用爬虫时务必注意法律问题。以下是笔者根据自身经验列举的一些禁止爬取的场景，但由于笔者非法律专业人员，以下列举场景仅供大家参考，爬虫的禁止场景并不仅限于此。在实际工作中，如果有涉及爬虫开发的地方，建议大家务必咨询公司的法务人员或者相关法律人士。

（1）不要大规模或频繁地爬取网络数据，或对对方的服务器造成较大影响。

（2）不要将爬虫用于灰色产业、敏感行业，或使用爬虫非法获利。

（3）不要使用爬虫获取网站或用户的隐私数据。

（4）不要违背 Robots 协议或经营者意志。

（5）不要使用爬虫进行任何法律、法规或道德禁止的行为。

6.5　本 章 小 结

本章介绍了 Java 网络编程的相关知识，现对一些核心知识总结如下：

（1）常见的网络分层模型有 OSI 七层和 TCP/IP 四层两种，其中 OSI 七层模型包含了物理层、数据链路层、网络层、传输层、会话层、表示层和应用层，而 TCP/IP 四层协议模型包含了网络接口层、网络层、传输层和应用层。

（2）InetAddress 类可以用于获取 IP 地址的相关信息，而 URL 类可以将网络地址封装为对象。

（3）在传输数据时，TCP 是面向连接的、可靠的，UDP 是无连接的、不可靠的，因此，TCP 对系统资源要求较高，而 UDP 传输效率较高。

（4）Socket 编程可以基于 TCP 编程，也可基于 UDP 编程，其中，TCP 方式主要是通过 Socket 和 ServerSocket 类实现，而 UDP 方式主要通过 DatagramSocket 和 DatagramPacket 类实现。

（5）使用爬虫可以获取网络上的数据资源，并解析出自己需要的数据。现阶段，可以通过 URLConnection 获取网络资源，并通过正则表达式或字符串解析的方法提取需要的数据。

（6）使用爬虫的前提是严格遵循相关的法律、法规和道德要求。

6.6 本章练习

单选题

（1）以下（　　）不属于 TCP/IP 协议族。

A．网络接口层　　B．网络层　　C．传输层　　D．会话层

（2）TCP 协议在每次建立连接时，双方要经过几次握手？（　　）

A．一次　　B．四次　　C．三次　　D．两次

（3）下列哪一项按照顺序展现了 OSI 模型的七个层次？（　　）

A．物理层、数据链路层、传输层、网络层、会话层、表示层、应用层

B．物理层、数据链路层、会话层、网络层、传输层、表示层、应用层

C．物理层、数据链路层、网络层、传输层、会话层、表示层、应用层

D．网络层、传输层、物理层、数据链路层、会话层、表示层、应用层

（4）Socket 编程中，以下哪个 Socket 的方法是不属于服务端的？（　　）

A．accept()　　B．listen()　　C．connect()　　D．close()

（5）以下关于 TCP 和 UDP 的说法中表述错误的是（　　）。

A．TCP 和 UDP 都是传输层协议。

B．UDP 不提供流控制和错误恢复功能，但能保证包按顺序到达。

C．TCP 是面向连接的传输协议。

D．TCP 和 UDP 都以 IP 协议为基础。

（6）以下关于爬虫法律问题的说法中正确的是（　　）。

A．可以爬取 robots.txt 禁止的数据。

B．可以爬取用户隐私数据。

C．可以大量、频繁地爬取某一网站数据。

D．应该在严格遵循相关法律、法规和道德要求的前提下，合理地使用爬虫。

第 7 章

Java 注解

本章简介

本章将学习一个从 JDK 1.5 开始引入的新技术——Java 注解（Annotation）。本章将围绕 Java 注解的概念、注解的分类和使用以及自定义注解三个方面，让大家对 Java 注解有一个初步的认识。在初级阶段，注解似乎没有被广泛地使用，但在后续学习 S（SpringMVC）S（Spring）M（MyBatis）三大框架时，注解的作用将会体现出来。

7.1 Java 注解概述

从 JDK 1.5 开始，Java 引入了注解机制。注解使得 Java 源代码中不但可以包含功能性的实现代码，还可以添加元数据。在介绍注解的概念之前，首先介绍元数据的概念。所谓元数据，就是描述数据的数据。举例来说，一张图片，图片的内容为主体数据，是需要展现给图片浏览者看到的信息，而图片的创建日期、图片大小等这类信息就是元数据。

元数据有什么用呢？还是以图片创建日期为例，假设现在想找一张 2020 年 8 月 1 日拍摄的照片，在计算机中就可以根据这个创建日期查找到该照片。再列举一个之前已经接触过的与 Java 有关的案例，在使用继承的时候，如果要对父类的某个方法进行重写，那么就可以在子类重写方法的前面加上@Override 注解，表明该方法不是子类特有的，而是覆盖了父类中的方法。

注解看起来有些像注释，但其和注释是完全不同的两个概念。虽然注解和注释都属于对代码的描述，但注释的作用只是简单地描述程序的信息，方便开发者再次阅读，不会被程序所读取；而注解则是 Java 代码中的特殊标记，这些标记可以在编译、类加载、运行时被读取，并执行相应的处理。

通过使用注解，程序开发人员可以在不改变程序原有逻辑的情况下，在源代码中加入一些补充信息，代码分析工具、开发工具和部署工具可以通过这些补充信息进行验证和部署。程序清单 7.1 所示的代码展示了注释和注解。

```
public class TestAnnotation{
    public static void main(String[]args){
        //本行是注释，下一行是注解
        @SuppressWarnings(value="unused")
        String name;
```

```
        }
    }
```

程序清单 7.1

语法上，注解前面有一个“@”符号。Java 注解有以下 3 种形式：

（1）不带参数的注解：@Annotation，如@Override。

（2）带一个参数的注解：@Annotation(参数)，如@SuppressWarnings(value="unused")。

（3）带多个参数的注解：@Annotiation({参数 1, 参数 2, 参数 3...})，如@MyTag(name="jhon",age=20)。

7.2 内建注解

在 Java 的“java.lang”包中，预定义了 3 个注解，分别是限定重写父类方法的@Override 注解、标记已过时的@Deprecated 注解和抑制编译器警告的@SuppressWarnings 注解，通常称这 3 个注解为内建注解或基本注解。

7.2.1 @Override 注解

@Override 注解被用于标注方法，被该注解标注的方法是重写了父类的方法。下面通过一个例子来深入学习@Override 注解的作用。

假设“租车系统”中 Vehicle 类和 Truck 类的代码如程序清单 7.2 所示，其中 Truck 类继承自 Vehicle 类，且重写了 Vehicle 类的 drive()方法。

```
public class Vehicle{
    String name = "汽车";
    int oil = 20;
    int loss = 0;
    public Vehicle(String name){
        this.name = name;
    }
    //车辆行驶的方法
    public void drive(){
        if(oil < 10){
            System.out.println("油量不足 10 升，需要加油！");
        }else{
            System.out.println("正在行驶!");
            oil = oil - 5;
            loss = loss + 10;
        }
    }
}
public class Truck extends Vehicle {
    private String load = "10 吨";
    public Truck(String name,String load){
        super(name);
```

```
            this.load = load;
        }
        public static void main(String[] args){
            Vehicle t1 = new Truck("大力士","5 吨");
            t1.drive();
        }
        //子类重写父类的 drive()方法
        public void drive(){
            if(oil < 15){
                System.out.println("油量不足 15 升，需要加油！");
            }else{
                System.out.println("正在行驶!");
                oil = oil - 10;
                loss = loss + 10;
            }
        }
    }
```

程序清单 7.2

编译并运行 Truck 类，程序可以按用户需求执行。但是，有可能程序员在写 Truck 类的代码时，误将 drive()写成了 driver()，然而在执行“t1.drive();”语句时，因为 drive()方法并未被重写，因此 t1.drive()调用的是父类 Vehicle 中的 drive()方法。显然，这种人为失误但语法正确的代码在编译时是不会报错的，即使在运行时不跟踪代码也不容易发现这个错误，这样最终会为以后修复该错误带来很大的困难。

@Override 注解就是为了解决类似问题而出现的，可以在子类重写父类的方法前加上@Override，表示这个方法覆盖了父类的方法。如果该方法不是覆盖了父类的方法，例如，如上所述将 drive()写成了 driver()，此时在 driver()方法前加上@Override 注解的话，则代码编译不能通过，提示被@Override 注解的方法必须在父类中存在同样的方法，程序才能编译通过。

此外，@Override 注解只能用来修饰方法，不能用来修饰其他元素。

7.2.2　@Deprecated 注解

如果某个类成员的提示中出现了@Deprecated，就表示这个类成员已经过时，在未来的 JDK 版本中可能被删除，当前已不建议使用。之所以现在还保留，是为了给那些已经使用了这些类成员的程序一个过渡期。

在学习多线程的时候，提到过终止一个线程可以调用这个线程的 stop()方法，但该方法已被废弃，不建议使用。通过查看 JDK API 可以看到，Thread 类的 stop()方法是被@Deprecated 注解标注的，如程序清单 7.3 所示。

```
package java.lang;
...
public
class Thread implements Runnable {
    ...
    @Deprecated
    public final void stop() {
```

```
            ...
        }
        ...
}
```

程序清单 7.3

简化前面 Truck 类的代码，并在 drive()方法前使用@Deprecated 注解标注。如果集成开发环境换成 Eclipse，则在方法定义处、方法引用处以及在成员列表中都有变化，请读者仔细观察图 7.1 中 drive()方法是如何显示的。

```
public class Truck
{
    private String load = "10吨";
    private String name = "卡车";
    private int oil = 20;
    public Truck(String name,String load){
        this.name = name;
        this.load = load;
    }
    @Deprecated
    public void drive()
    {
        if(oil < 15)
        {
            System.out.println("油量不足15升，需要加油！");
        }else{
            System.out.println("正在行驶！");
        }
    }
    public static void main(String[] args){
        Truck t1 = new Truck("大力士","5吨");
        t1.drive();
    }        drive() : void - Truck
}            equals(Object arg0) : boolean - Object
```

图 7.1　@Deprecated 注解的使用

在这个例子中，Truck 类的 drive()方法被@Deprecated 注解标注，提醒程序员这是一个过时的方法，尽量不要使用，避免以后出现问题。假设有个 BigTruck 类继承 Truck 类，并且重写了这个过时的 drive()方法，又会怎样呢？在 CMD 中使用 javac 编译程序，编译器有警告出现，提示“注意：BigTruck.java 使用或覆盖了已过时的 API”和“注意：要了解详细信息，请使用-Xlint:deprecation 重新编译”（如果是使用 Eclipse 等开发工具运行程序，则不会提示此警告）。

7.2.3　@SuppressWarnings 注解

既然有可以使编译器产生警告信息的注解，那么也会有抑制编译器产生警告信息的注解，@SuppressWarnings 注解就是为了这样一个目的而存在的。让我们先看看程序清单 7.4 所示的代码。

```
import java.util.*;
public class TestZuChe {
    public static void main(String[] args) {
        List vehAL = new ArrayList();
        Truck t1 = new Truck("大力士", "5 吨");
        vehAL.add(t1);
```

```
    }
}
```

程序清单 7.4

编译程序，编译器会抛出如下警告信息：“注意：TestZuChe.java 使用了未经检查或不安全的操作”和“注意：要了解详细信息，请使用-Xlint:unchecked 重新编译”。

根据警告信息，增加了-Xlint:unchecked 编译参数之后重新编译的信息，显示结果如图 7.2 所示。

```
---------- JAVAC ----------
TestZuChe.java:8: 警告: [unchecked] 对作为普通类型 java.util.List 的成员的 add(E) 的调用未经检查
        vehAL.add(t1);
                 ^
1 警告

输出完成 (耗时 1 秒) - 正常终止
```

图 7.2　编译器警告信息

这个警告信息提示 List 类必须使用泛型才是安全的，才可以进行类型检查，现在未做检查，所以存在不安全因素。如果想取消这些警告信息，具体代码如程序清单 7.5 所示。

```
import java.util.*;
public class TestZuChe2 {
    @SuppressWarnings(value = "unchecked")
    public static void main(String[] args) {
        //List<Truck> vehAL = new ArrayList<Truck>();
        List vehAL = new ArrayList();
        Truck t1 = new Truck("大力士", "5 吨");
        vehAL.add(t1);
    }
}
```

程序清单 7.5

再次编译程序，警告被抑制。当然，编译器出现警告，是要提醒程序员有哪些地方需要注意，抑制警告不是目的，正确的解决办法是使用泛型对集合中的元素进行约束，使对集合的操作可以被检查，如代码中被注释的部分那样。

@SuppressWarnings 注解和前面两个注解的不同之处在于，这个注解带一个参数。这里注解“@SuppressWarnings(value = "unchecked")”的含义为抑制不检查的警告。当然还可以同时抑制其他警告，例如，“@SuppressWarnings(value = {"unchecked", "unused"})”就是同时抑制了不检查和未被使用的警告。下面列举了@SuppressWarnings 注解相关属性值的含义：

（1）deprecation：使用了过时的程序元素。

（2）unchecked：执行了未检查的转换。

（3）unused：有程序元素未被使用。

（4）fallthrough：switch 程序块直接通往下一种情况而没有 break。

（5）path：在类路径中有不存在的路径。

（6）serial：在可序列化的类上缺少 serialVersionUID 定义。

（7）finally：任何 finally 子句都不能正常完成。

（8）all：所有情况。

7.3 自定义注解

本节会介绍自定义注解，以及 Java 提供的 4 个用于修饰注解的注解——元注解：@Target、@Retention、@Documented 和@Inherited。

7.3.1 自定义注解概述

注解之所以强大，能被众多框架所使用，一个主要的原因就在于它允许程序员自定义注解。定义注解的语法形式和接口差不多，只是在 interface 前面多了一个@符号，如程序清单 7.6 所示。

```
public @interface MyAnnotation{

}
```

程序清单 7.6

上面的代码是一个最简单的注解。我们还可以在自定义注解时定义属性，在注解类型的定义中以无参方法的形式来声明，其方法名和返回值分别定义了该属性的名字和类型，其代码如程序清单 7.7 所示。

```
public @interface MyAnnotation{
    //定义一个属性 value
    String value();
}
```

程序清单 7.7

可以按程序清单 7.8 所示的格式使用 MyAnnotation 注解：

```
public class TestAnnotation{
    //如果没有写属性名，而这个注解又有 value 属性，则将这个值赋给 value 属性
    //@MyAnnotation("good")
    @MyAnnotation(value = "good")
    public void getObjectInfo(){
    }
}
```

程序清单 7.8

接下来修改自定义注解 MyAnnotation，使其含 2 个属性，具体代码如程序清单 7.9 所示。

```
public @interface MyAnnotation{
    //定义 2 个属性 name 和 age
    String name();
    int age();
}
```

程序清单 7.9

在注解中可以定义属性，也可以给属性赋默认值，具体代码如程序清单 7.10 所示。

```
public @interface MyAnnotation{
    //定义带默认值的属性
    String name() default "姓名";
    int age() default 22;
}
```

程序清单 7.10

定义了注解之后，接下来就可以在程序中使用注解，具体代码如程序清单 7.11 所示。

```
public class TestAnnotation{
    //使用带属性的注解时，需要为属性赋值
    @MyAnnotation(name = "柳海龙",age = 24)
    //@MyAnnotation
    public void getObjectInfo(){
    }
}
```

程序清单 7.11

请注意注释的描述，使用带属性的注解时，需要给属性赋值。但是，如果在定义注解时给属性赋了默认值，则可使用不带属性值的注解，也就是让注解使用自己的默认值。

7.3.2　元注解

前面虽然学习了自定义注解，但是肯定有不少人觉得学完之后，仍然不知道自定义注解到底有什么用。下面的内容就是来解决这个问题的。

注解可以理解为和接口一样，是程序的一个基本组成部分。既然可以对类、接口、方法和属性等进行注解，那么当然也可以对注解进行注解。Java 为注解单独提供了 4 种元注解，即@Target、@Retention、@Documented 和@Inherited，以下分别介绍这 4 种元注解。

1．@Target 注解

@Target 注解用于指定被修饰的注解能用于修饰哪些程序元素（属性、方法、类或者接口等）。如果注解定义中不存在@Target 元注解，则此注解可以用在任一程序元素上。Target 注解有唯一的 value 作为成员变量。

接下来看这样一个案例，将之前自定义的注解用@Target 进行注解，以限制此注解只能使用在属性上。此时，如果将此注解使用在方法上，编译器会报出“注释类型不适用于该类型的声明”的错误。案例具体代码如程序清单 7.12 所示。

```
import java.lang.annotation.*;
//限制此注解只能使用在属性上
@Target({ElementType.FIELD})
public @interface MyAnnotation {
    String name() default "姓名";
    int age() default 22;
}
```

```
public class TestAnnotation {
    //在方法上使用自定义注解
    @MyAnnotation
    public void getObjectInfo() {
    }
}
```

程序清单 7.12

@Target 注解的属性 value 可以为以下值：

（1）ElementType.ANNOTATION_TYPE：注解类型声明。

（2）ElementType.CONSTRUCTOR：构造方法声明。

（3）ElementType.FIELD：字段声明（包括枚举常量）。

（4）ElementType.LOCAL_VARIABLE：局部变量声明。

（5）ElementType.METHOD：方法声明。

（6）ElementType.PACKAGE：包声明。

（7）ElementType.PARAMETER：参数声明。

（8）ElementType.TYPE：类、接口（包括注解类型）或枚举声明。

2．@Retention 注解

@Retention 注解用于指定被修饰的注解可以保留多长时间。@Retention 包含一个 RetentionPolicy 类型的 value 属性，使用此注解时必须为该 value 属性指定值。如果注解定义中不存在 @Retention 注解，则保留策略默认为 RetentionPolicy.CLASS。

@Retention 注解的属性 value 允许的值及含义如下：

（1）RetentionPolicy.CLASS：编译器将把注解记录在 Class 文件中，当运行 Java 程序时，虚拟机不再保留注解。

（2）RetentionPolicy.RUNTIME：编译器将把注解记录在 Class 文件中，当运行 Java 程序时，虚拟机保留注解，程序可以通过反射获取该注解。

（3）RetentionPolicy.SOURCE：编译器将直接丢弃被修饰的注解。

接下来通过一个案例来演示如何通过反射获取注解，具体代码如程序清单 7.13 所示。案例中提供了较为详细的注释，请认真阅读。

```
    @Target({ElementType.TYPE,ElementType.FIELD,ElementType.METHOD,

ElementType.PARAMETER,ElementType.CONSTRUCTOR,ElementType.LOCAL_VARIABLE})
    //当运行 Java 程序时，虚拟机保留注解
    @Retention(RetentionPolicy.RUNTIME)
    public @interface MyAnnotation{
        String name() default "姓名";
        int age() default 22;
    }
    public class TestAnnotation{
        public static void main(String[] args) throws SecurityException,
                NoSuchMethodException, ClassNotFoundException {
            TestAnnotation ta = new TestAnnotation();
            ta.getObjectInfo();
```

```
    }
    @MyAnnotation
    @Deprecated
    public void getObjectInfo() throws ClassNotFoundException,
            SecurityException, NoSuchMethodException{
        //利用反射机制获取注解
        Annotation[] arr = Class.forName("TestAnnotation")
                .getMethod("getObjectInfo").getAnnotations();
        //遍历每个注解对象
        for(Annotation an:arr){
            if(an instanceof MyAnnotation){//如果注解是 MyAnnotation 类型
                System.out.println("MyAnnotation 注解：" + an);
                System.out.println("MyAnnotation 注解的 name 属性值："+((MyAnnotation)an).
                        name());
                System.out.println("MyAnnotation 注解的 age 属性值："+((MyAnnotation)an).age());
            }else{
                System.out.println("非 MyAnnotation 注解：" + an);
            }
        }
    }
}
```

程序清单 7.13

程序清单 7.13 的代码中，getObjectInfo()方法有两个注解：@MyAnnotation 和@Deprecated，其中，自定义注解@MyAnnotation 的元注解@Retention 的值为 RetentionPolicy.RUNTIME，表示当运行 Java 程序时，虚拟机保留注解，所以在运行时可以通过反射机制获取该注解。程序运行结果如图 7.3 所示。@Deprecated 为内建注解，通过运行结果可以看出@Deprecated 的元注解@Retention 的值也是 RetentionPolicy.RUNTIME。

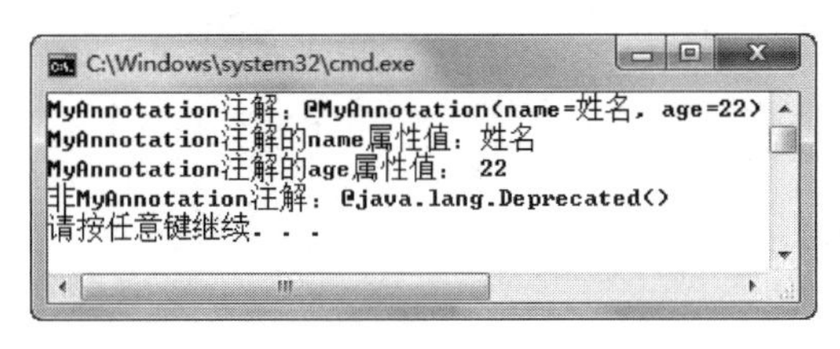

图 7.3　通过反射机制获取注解

3. @Documented 注解

除了 java、javac 等工具以外，JDK 还提供了文档工具 javadoc，可以用于将源码转换成一个说明文档。但在使用 javadoc 生成文档时，注解将被忽略掉。如果想在文档中也包含注解，就需要使用@Documented 为文档注解。@Documented 注解类型中没有成员变量。如果定义注解时使用了@Documented 修饰，则所有使用该注解修饰的程序元素的 API 文档中都将包含该注解说明。请看程序清单 7.14。

```
//@Documented
public @interface MyAnnotation{
```

```
    String name() default "姓名";
    int age() default 22;
}
@MyAnnotation
public class TestAnnotation{
}
```

程序清单 7.14

使用 javadoc 生成文档，产生的文档对 TestAnnotation 类的描述如下：

```
class TestAnnotation extends java.lang.Object
```

如果取消对@Documented 的注释，使其起作用，将会出现另一个结果：

```
@MyAnnotation
class TestAnnotation extends java.lang.Object
```

4．@Inherited 注解

前面讲过，注解是程序的一个基本组成部分，那么父类的注解是否被子类继承呢？默认情况下，父类的注解不被子类继承。如果要想继承父类注解，就必须使用@Inherited 注解。接下来通过下面的 3 段代码，介绍@Inherited 注解的使用，详见程序清单 7.15。

```
import java.lang.annotation.*;
@Inherited
public @interface MyAnnotation{
    String name() default "姓名";
    int age() default 22;
}
@MyAnnotation
public class Vehicle {
    public void drive(){
        //省略若干代码
    }
}
public class Truck extends Vehicle {
    //省略若干代码
}
```

程序清单 7.15

程序清单 7.15 中的代码，在使用@Inherited 标识了注解类 MyAnnotation 之后，Truck 类就可以继承 Vehicle 类中的@MyAnnotation 注解了。

7.4 本 章 小 结

本章介绍了 Java 中的注解机制，虽然现阶段对注解的使用并不广泛，但注解是后续学习框架的基础。具体而言，本章介绍了注解的以下内容：

（1）注解可以为程序增加额外的功能，或为程序添加元数据。

（2）常 JDK 1.5 之后，在 java.lang 包中内置了 @Override、@Deprecated 和@Suppress Warnings 注解，开发者也可以根据需要自己定义新的注解。

（3）@Override 注解被用于被重写了的方法；@Deprecated 表示某个类成员已经过时，当前已不建议使用；@SuppressWarnings 注解可以用于压制编译器产生警告信息。

（4）JDK 提供了@Target、@Retention、@Documented 和 @Inherited 这 4 个元注解，可以用于修饰注解。

（5）@Target 注解用于限制注解可以修饰哪些程序元素（属性、方法、类或者接口等）；@Retention 注解用于指定被修饰的注解可以保留多长时间；@Documented 注解用于 javadoc 工具自动生成文档时的说明信息；@Inherited 注解可以让子类继承父类的注解。

7.5 本章练习

单选题

（1）下列（　　）注解不是 Java 的内建注解。

A．@Target　　B．@Override

C．@Deprecated　　D．@SuppressWarnings

（2）下列关于注解的说法中正确的是（　　）。

A．@Override 注解修饰的方法为重载方法。

B．@SuppressWarnings 为抑制警告注解，可以带参数。

C．@Deprecated 注解表明该方法已废弃，不能再使用。

D．注解可以用在方法上，也可以用在属性上，但不能用在类上。

（3）以下注解中哪一个表示类或方法已过时？（　　）

A．@Override　　B．@Overtime　　C．@Deprecated　　D．@Retention

（4）以下关于注解的说法中正确的是（　　）。

A．@Override 用于标注重写方法。

B．@Override 用于标注重载方法。

C．重写方法必须使用@Override 标注。

D．重载方法必须使用@Override 标注。

（5）下列关于注解的说法中错误的是（　　）。

A．Java 提供了四大元注解（如@Target），所谓元注解指的是注解的注解。

B．注解本质上就是另一种形式的注释，对程序的功能并无作用。

C．通过@interface，可以自定义注解。

D．如果一个方法被@Deprecated 注解修饰，表明该方法已过时，但仍可以使用。

第 8 章

JUnit

本章简介

JUnit 是一个基于 Java 语言的单元测试框架，最新版本是 JUnit 5，目前广泛使用的版本是 JUnit 4。使用 JUnit 可以编写和运行可重复执行的单元测试。目前多数开发环境都已经集成了 JUnit，使用起来十分方便。在使用 JUnit 时，程序员必须知道被测试的程序如何运行，以及要完成什么样的功能，因此 JUnit 属于白盒测试。

8.1 JUnit 初探

JUnit 是一个针对 Java 语言的单元测试框架，现已成为 Java 测试框架中最普遍应用的一个。JUnit 也是 Java 语言的标准测试库，Eclipse 等多数 Java 开发环境都已经集成了 JUnit 作为单元测试的工具。

在 JUnit 5 推出前，由于多年未更新，JUnit 的地位受到了 TestNG 等其他 Java 单元测试工具的挑战。但随着 JUnit 5 的诞生，JUnit 又迅速恢复了其在测试界的地位。值得注意的是，JUnit 3 可用于市面上所有版本的 JDK，但 JUnit 4 及 JUnit 5 产生时间较晚，因此，在使用后两者时需要兼容相应的 JDK 版本。JUnit 4 要求的 JDK 必须是 JDK 5 或以上版本，而 JUnit 5 则要求必须是 JDK 8 或以上版本。

以下将依次介绍 JUnit 3、JUnit 4 和 JUnit 5 的使用。

8.1.1 JUnit 3 简介

首先从最简单的一个案例开始，学习如何使用 JUnit 进行单元测试，被测对象是一个数学计算中关于“加法”的类，具体代码详见程序清单 8.1。

```
public class AddOperation{
    public int add(int x,int y){
        return x + y;
    }
}
```

程序清单 8.1

接下来使用 JUnit 3 对这个“加法”类进行单元测试。测试前需要导入 JUnit 3 软件包，以

Eclipse 为例，鼠标右击项目名，然后依次选择“Build Path”→“Add Libraries...”命令，如图 8.1 所示。

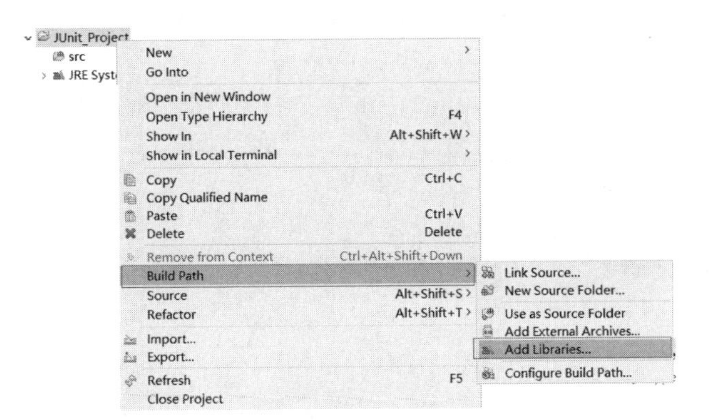

图 8.1　配置 JUnit 开发环境（1）

之后在弹出的新窗口中选择“JUnit”并单击“Next”按钮，如图 8.2 所示。

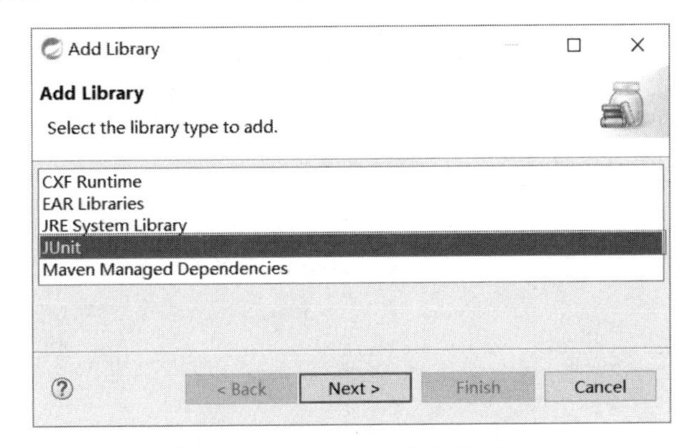

图 8.2　配置 JUnit 开发环境（2）

最后选择使用的 JUnit 版本，本次使用的是 JUnit 3，如图 8.3 所示。

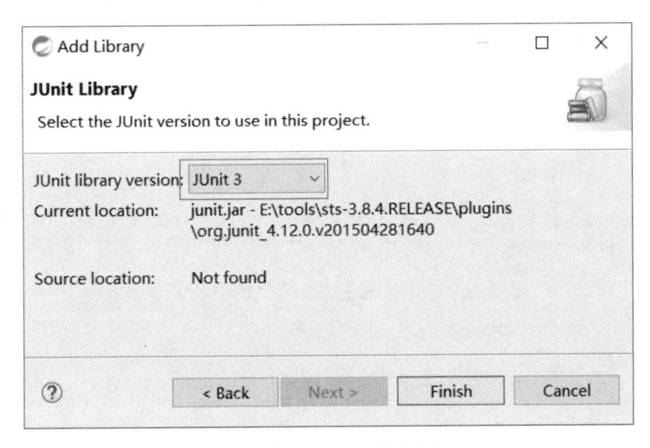

图 8.3　配置 JUnit 开发环境（3）

至此，就已经给项目引入了 JUnit 3 软件包，之后就可以导入 junit.framework.*包，然后

在程序中使用 JUnit 3 的相关 API 了。在使用 JUnit 3 进行单元测试时，单元测试类必须继承自统一的父类 TestCase，执行测试的方法名必须以 test 开头，并且使用各种类型的断言判断实际结果和预期结果的差异。具体代码详见程序清单 8.2。

```
import junit.framework.*;
public class TestAddOperation extends TestCase{
    public void setUp() throws Exception{}
    public void tearDown() throws Exception{}
    //测试 AddOperation 类的 add()方法
    public void testAdd(){
        //输入值
        int x = 3;
        int y = 5;
        AddOperation instance = new AddOperation();
        int expResult = 8;                    //预期结果
        int result = instance.add(x, y);      //获取实际结果
        //通过断言判断实际结果和预期结果的差异，前者为预期，后者为实际
        assertEquals(expResult,result);
    }
}
```

程序清单 8.2

该单元测试类测试了 AddOperation 中的 add()方法。在 Eclipse 中，右击 TestAddOperation 类的文本编辑区，然后选择“Run As”中的“JUnit Test”命令即可运行测试程序，如图 8.4 所示。

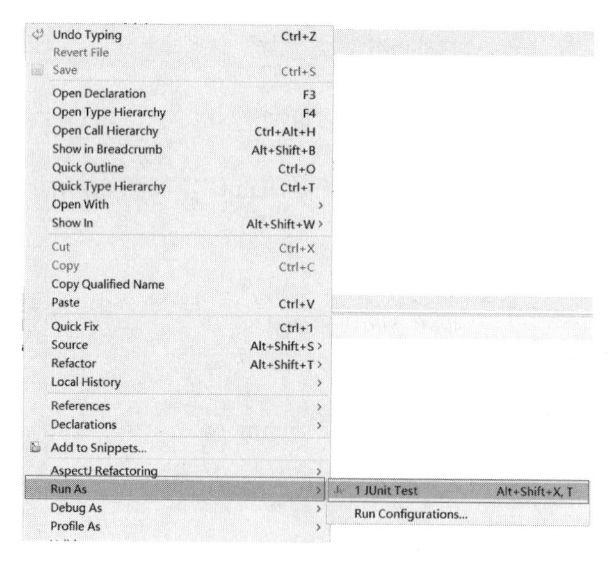

图 8.4 运行单元测试

在程序执行期间，JUnit 会通过 assertEquals(expResult,result)方法判断期望值 expResult 和实际值 result 的结果是否一致。本次的测试结果一致，因此，运行结果为“测试通过”状态，如图 8.5 所示。

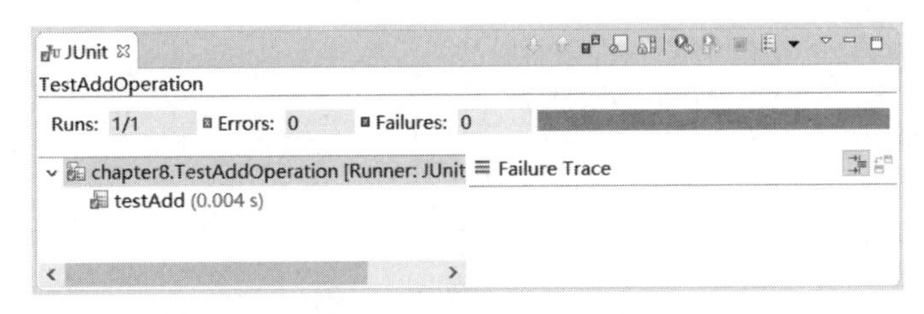

图 8.5 JUnit 3 测试“加”类显示结果（1）

现在，再将程序清单 8.1 中的“return x + y”改为“return x - y”，并重新执行程序清单 8.2 中的测试用例。修改之后，输入数据仍然为 3 和 5，预期结果也仍然为 8，但此时的真实结果为-2，这就和预期结果不一致了，因此，将得到测试失败的结果。

再次编译和运行程序，单元测试运行结果如图 8.6 所示。

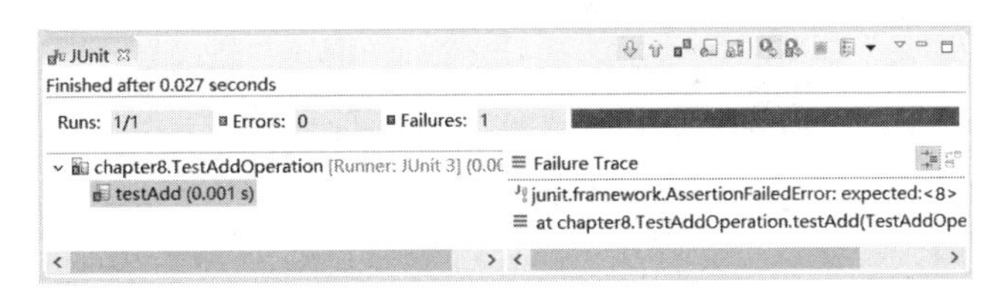

图 8.6 JUnit 3 测试“加”类显示结果（2）

从运行结果可以看出，此次针对 AddOperation 类的 add()方法进行单元测试，测试结果为“失败状态”，并且在运行结果的“Failure Trace”区域明确指出了失败的原因。由此可见，单元测试可以帮助开发者及时发现程序中的错误。

8.1.2 JUnit 4 简介

现在使用 JUnit 4 同样对 AddOperation 类进行单元测试，测试前需要先导入 JUnit 4 软件包，导入的方法与导入 JUnit 3 类似，只是在选择 JUnit 版本时选择 JUnit 4 即可。

值得注意的是，在使用 JUnit 4 对 AddOperation 类中的 add()方法进行单元测试时，导入的是 org.junit 包里的内容，而不再是 JUnit 3 使用的 junit.framework 包，并且单元测试类 TestAddOperation 是基于注解的形式，因此，不需要再继承自 TestCase 类，测试方法也不必以 test 开头，只要是以@Test 注解来描述即可。

本案例中还使用了一些其他的注解，如@Before、@After 等。JUnit 4 支持多种注解来简化测试类的编写，例如，使用了@Before 注解的方法会在每个测试方法执行之前都要执行一次，使用了@After 注解的方法在每个测试方法执行之后都要执行一次，并且@Before 和@After 标注的方法只能各有一个。实际上，在 JUnit 3 中也有类似的功能，JUnit 3 中的 setUp()和 tearDown()方法就相当于 JUnit 4 中用@Before 和@After 注解标注的方法。

使用 JUnit 4 对 AddOperation 进行注解的代码详见程序清单 8.3。

```
import org.junit.*;
import static org.junit.Assert.*;
public class TestAddOperation2{
    @Before
    public void setUp() throws Exception{}
    @After
```

```
        public void tearDown() throws Exception{}
        @Test//测试 AddOperation 类的 add()方法
        public void add(){
            int x = 3;
            int y = 5;
            AddOperation instance = new AddOperation();
            int expResult = 8;
            // add()方法的返回值是“x + y”
            int result = instance.add(x, y);
            assertEquals(expResult,result);
        }
    }
```

程序清单 8.3

本次使用了静态导入“import static org.junit.Assert.*;”，把 org.junit.Assert 包里的静态变量和方法导入这个类中，运行程序，运行结果如图 8.7 所示。

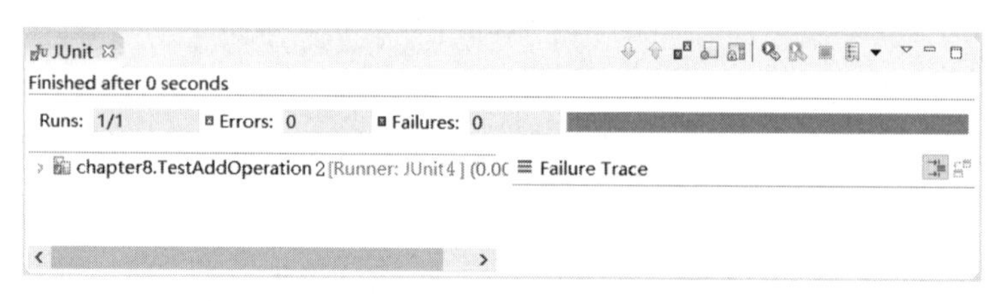

图 8.7　JUnit 4 测试“加”类显示结果（1）

再次把程序清单 8.1 中的“return x + y”改为“return x - y”，重新运行程序，其运行结果如图 8.8 所示。

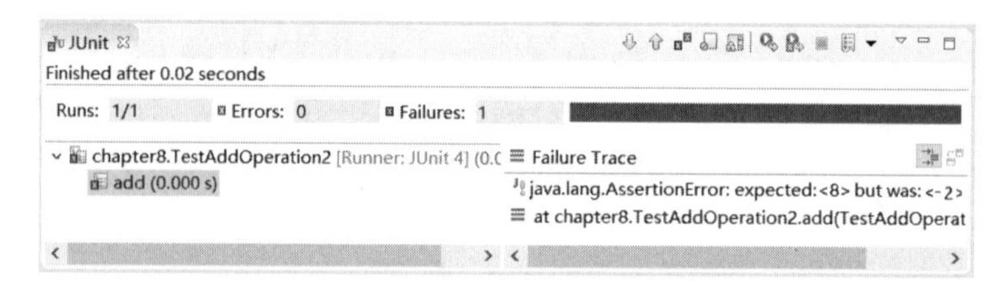

图 8.8　JUnit 4 测试“加”类显示结果（2）

值得一提的是，虽然 JUnit 4 不是最新的 JUnit 测试版本，但 JUnit 4 目前在企业中的使用仍然十分普遍。

8.1.3　JUnit 5 简介

从框架自身的结构来看，JUnit 5 是由 JUnit Platform、JUnit Jupiter 和 JUnit Vintage 三个模块组成的。其中，JUnit Platform 是在 JVM 上使用 JUnit 5 的基础，更加强大的是，JUnit Platform 不仅支持 JUnit 5，还兼容其他测试引擎；JUnit Jupiter 提供了新的编程模型，是 JUnit 5 新特性的核心，并且在 JUnit Jupiter 的内部还包含了一个测试引擎；JUnit Vintage 是为了兼容 JUnit 3、JUnit 4 而出现的，即旧版本的 JUnit 可以通过 JUnit Vintage 运行在 JUnit 5 的环境上。

虽然在结构方面 JUnit 5 发生了很大的变化，但这些结构大多是为了让 JUnit 5 兼容其他测试引擎，以及兼容旧版本的 JUnit，对于普通开发者而言，并不会在使用时感到明显的差异。实际上在使用层面，JUnit 5 和 JUnit 4 非常类似，二者都是基于注解的使用形式。如表 8.1 所示是 JUnit 4 和 JUnit 5 对于注解关键字的区别。

表 8.1　JUnit 4 与 JUnit 5 注解对照表

含　义	JUnit 4	JUnit 5
在测试类中，所有的测试方法执行之前执行且仅执行一次	@BeforeClass	@BeforeAll
在测试类中，所有的测试方法执行之后执行且仅执行一次	@AfterClass	@AfterAll
在测试类中，每个测试方法执行之前执行	@Before	@BeforeEach
在测试类中，每个测试方法执行之后执行	@After	@AfterEach
禁用某个测试方法或测试类	@Ignore	@Disabled
标记和过滤	@Category	@Tag

除了注解的不同，在 API 方面，JUnit 5 使用了新的断言类 org.junit.jupiter.api.Assertions，该类比 JUnit 3、JUnit 4 中的 Assert 新增了很多方法，但总体的使用体验仍然是非常相似的，读者可以查阅相关的 API 进行学习。

以下就是使用 JUnit 5 对之前的 AddOperation 类进行的测试，具体代码详见程序清单 8.4。

```
org.junit.jupiter.api.Assertions;
org.junit.jupiter.api.Test;
public class TestAddOperation3{
    @BeforeEach
    public void setUp() throws Exception{}
    @AfterEach
    public void tearDown() throws Exception{}

    @Test//测试 AddOperation 类的 add()方法
    public void add(){
        int x = 3;
        int y = 5;
        AddOperation instance = new AddOperation();
        int expResult = 8;
        int result = instance.add(x, y);
        Assertions.assertEquals(expResult,result);
    }
}
```

程序清单 8.4

8.2　JUnit 案例

鉴于目前在企业中应用比较广泛的仍然是 JUnit 4，接下来使用 JUnit 4 对一个“计算器”类进行单元测试，用于发现“计算器”类的问题。

该“计算器”类功能简单，仅操作整数，并将运算结果存储在一个静态变量中。另外，这个“计算器”类有如下预设的错误：

（1）减法并不返回一个有效的结果。

（2）乘法还没有实现。

（3）开方方法中存在一个无限循环错误。

具体代码详见程序清单 8.5。

```
public class Calculator {
    //存储运算结果的静态变量
    private static int result;

    //加法
    public void add(int n) {
        result = result + n;
    }

    //减法，有错误，应该是“result = result - n”
    public void subtract(int n) {
        result = result - 1;
    }

    //乘法，此方法尚未实现
    public void multiply(int n) {
    }

    //除法
    public void divide(int n) {
        result = result / n;
    }

    //平方
    public void square(int n) {
        result = n * n;
    }

    //清除结果
    public void clear() {
        result = 0;
    }

    //获取运算结果
    public int getResult() {
        return result;
    }
}
```

程序清单 8.5

使用 JUnit 4 对“计算器”类进行单元测试，具体代码详见程序清单 8.6（本段代码中没有添加任何注释，请读者在没有注释的情况下，尝试理解代码的含义）。

```
import static org.junit.Assert.*;
import org.junit.*;
public class TestCalculator{
    Calculator calc = new Calculator();
    @Before
    public void setUp() throws Exception {
        System.out.println("测试前初始值置零！");
        calc.clear();
    }
    @After
    public void tearDown() throws Exception {
        System.out.println("测试后......");
    }
    @Test
    public void add(){
        calc.add(2);
        calc.add(3);
        int result = calc.getResult();
        assertEquals(5, result);
    }
    @Test
    public void subtract(){
        calc.add(10);
        calc.subtract(2);
        int result = calc.getResult();
        assertEquals(8, result);
    }
    @Test
    public void divide(){
        calc.add(8);
        calc.divide(2);
        assert calc.getResult() == 5;
    }
    @Test(expected = ArithmeticException.class)
    public void divideByZero(){
        calc.divide(0);
    }
    @Ignore("not Ready Yet Test Multiply")
    @Test
    public void multiply(){
        calc.add(10);
        calc.multiply(10);
        int result = calc.getResult();
        assertEquals(100, result);
```

```
        }
    }
```

程序清单 8.6

下面对这个单元测试类中用到的技术进行解释。

1．断言

在 JUnit 4 中，集成了一个 assert 关键字（见案例中的 divide()方法），我们可以像使用 assertEquals()方法一样来使用它，并且它们都抛出相同的异常“java.lang.AssertionError”。

在 JUnit 4 中，还引入了两个新的断言方法，它们专门用于数组对象的比较，其语法形式如下：

```
public static void assertEquals(String message,Object[] expected,Object[] actuals);
public static void assertEquals(Object[] expected,Object[] actuals);
```

原先 JUnit 3 中的 assertEquals(long,long)方法在 JUnit 4 中都使用 assertEquals(Object, Object)方法，对于 assertEquals(byte,byte)、assertEquals(int,int)等也是如此，这是因为从 JDK 1.5 开始支持自动拆箱、装箱机制。

2．异常

JUnit 4 的@Test 注解支持可选参数，它可以声明一个测试方法应该抛出一个异常。如果这个方法不抛出异常或者抛出一个与事先声明不同的异常，那么该测试失败。在案例中（见案例中的 divideByZero()方法），一个整数被零除应该抛出一个 ArithmeticException 异常，则该方法的@Test 注解应该写成“@Test(expected = ArithmeticException.class)”。

3．忽略测试

在 JUnit 3 中，临时禁止一个测试的方法是通过将其注释掉或者改变命名约定，这样测试运行机就无法找到它。在 JUnit 4 中，为了忽略一个测试，可以注释掉一个方法或者删除@Test 注解（不能再改变命名约定，否则将抛出一个异常），该运行机将不理会也不报告这样一个测试。不过，在 JUnit 4 中可以把@Ignore 注解添加到@Test 注解的前面或者后面，测试运行机将报告被忽略的测试数目，以及运行的测试数目和运行失败的测试数目。

编译并运行程序，运行结果如图 8.9 所示（节选部分内容）。从运行结果中可以看出测试失败的数目及详细信息。

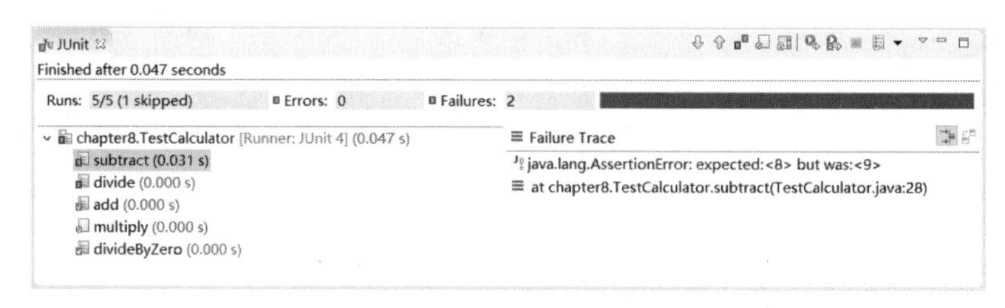

图 8.9　JUnit 4 测试“计算器”类

以上就是 JUnit 4 的基本使用。接下来介绍一些 JUnit 4 的高级特性。

4．高级环境预设

通过前面的学习可以知道，使用了@Before 注解的方法在每个测试方法执行之前都要执行一次，使用了@After 注解的方法在每个测试方法执行之后也要执行一次。如果在测试时，仅需要分配和释放一次昂贵的资源，那么可以使用注解@BeforeClass 和@AfterClass，其含义

为在所有的方法执行之前或之后执行一次。

5．限时测试

在 Calculator 类中，编写的开方方法代码详见程序清单 8.7。

```
public void squareRoot(int n){
    for(;;){}
}
```

程序清单 8.7

很显然，方法体内是一个死循环。如果使用 JUnit 对该方法执行单元测试，即需要在 TestCalculator 测试类中增加如程序清单 8.8 所示的代码。

```
@Test
public void squareRoot(){
    calc.squareRoot(4);
    int result = calc.getResult();
    assertEquals(2, result);
}
```

程序清单 8.8

再次编译并运行，运行结果如图 8.10 所示。执行测试类，进入了死循环，无法正常退出。

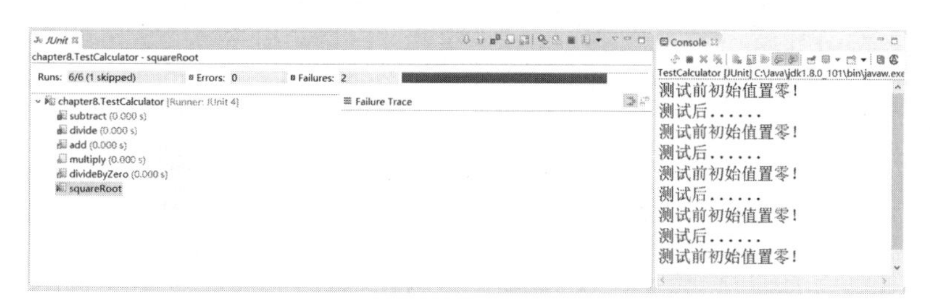

图 8.10　JUnit 4 测试死循环方法

如何解决这个问题呢？尤其是对于那些逻辑较复杂、循环嵌套比较深的程序，很有可能出现死循环，因此，一定要采取一些预防措施。JUnit 4 中的限时测试是一个很好的解决方案。如果给这些测试方法设定一个执行时间，当超过了这个时间，它们就会被系统强行终止，并且系统还会汇报该方法结束的原因是超时，这样就可以发现这些 Bug 了。要实现这一功能，只需要给@Test 注解加一个参数，如@Test(timeout = 1000)，timeout 参数表示设定的时间，单位为毫秒。

编译并运行程序，运行结果如图 8.11 所示，JUnit 4 会再报告一个失败信息，失败的原因是超过了这个时间未获得预期结果。

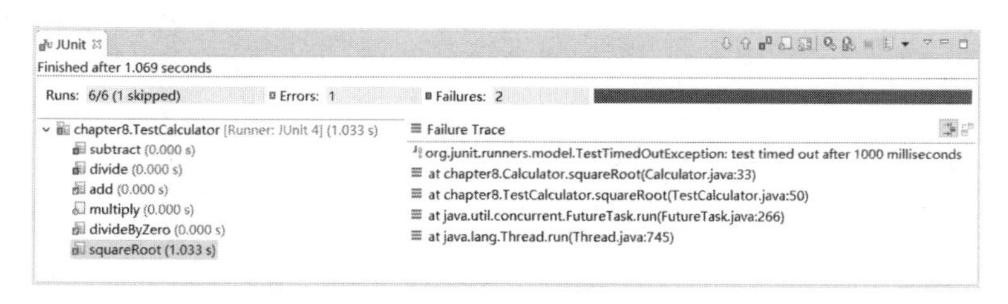

图 8.11　JUnit 4 限时测试

6．参数化测试

在 Calculator 类中有一个求平方的方法 square()，TestCalculator 测试类还没有对它进行单元测试。假设现在为测试该方法设计 3 个测试用例，输入值分别是 2、0、-3，预期结果分别是 4、0、9，则需要在 TestCalculator 测试类中增加如程序清单 8.9 所示的代码。

```
@Test
public void square1(){
    calc.square(2);
    int result = calc.getResult();
    assertEquals(4, result);
}
@Test
public void square2(){
    calc.square(0);
    int result = calc.getResult();
    assertEquals(0, result);
}
@Test
public void square3(){
    calc.square(-3);
    int result = calc.getResult();
    assertEquals(9, result);
}
```

程序清单 8.9

前面在介绍自动化测试时提到过，如果步骤相同，只是输入数据和预期结果不一样的多次、重复的测试，可以考虑采用录制、回放的模式。录制一次执行步骤，然后将多组测试用例的输入数据和预期结果放入自动测试工具中，回放时每次执行一组输入数据，并将实际运行结果和预期结果进行比较判断，这样可以提高测试效率。

基于同样的思路，JUnit 4 提出了参数化测试的概念，即只写一个测试方法，把若干种情况作为参数传递进去，一次性完成测试。其具体代码详见程序清单 8.10（代码中的注释非常重要，请认真阅读）。

```
import java.util.*;
import org.junit.*;
import org.junit.runner.RunWith;
import org.junit.runners.Parameterized;
import org.junit.runners.Parameterized.Parameters;
import static org.junit.Assert.*;
//要为这个测试指定一个运行机，因为特殊的功能要用特殊运行机
@RunWith(Parameterized.class)
//为参数化测试专门生成一个新的类，不能与其他测试共用同一个类
public class TestSquare{
    Calculator calc = new Calculator();
    private int param;
    private int result;
```

```
    /*定义测试数据集合，使用@Parameters 注解标注。
    该方法会在执行单元测试时自动执行。在返回值中，最内层一维数组的第 0 个元素
    会传给构造方法的第 0 个参数，第 1 个元素会传给构造方法的第 1 个参数。例如以下程序，
    {2,4}中的“2”会传给构造方法的 param 参数，“4”会传给构造方法的 result 参数。
    运行机会反复利用数组中的数据实例化本类，并在实例上运行测试方法。
    */
    @Parameters public static Collection data(){
        return Arrays.asList(new Object[][]{{2, 4},{0, 0},{-3, 9}});
    }
    //构造函数，其功能是对先前定义的两个参数进行初始化
    public TestSquare(int param, int result) {
        this.param = param;
        this.result = result;
    }
    @Test
    public void square(){
        calc.square(param);
        assertEquals(result, calc.getResult());
    }
}
```

程序清单 8.10

程序运行结果如图 8.12 所示。

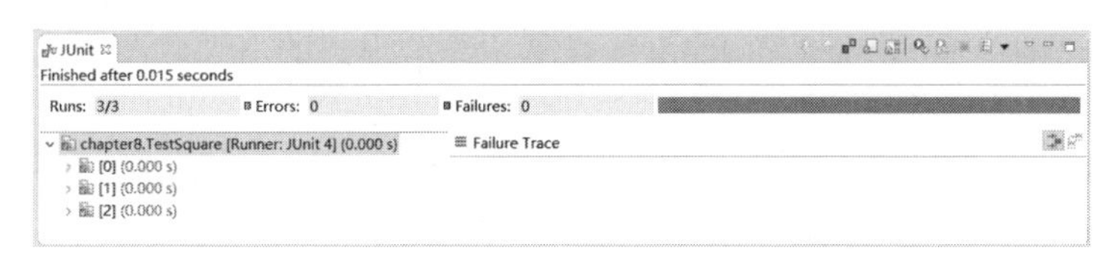

图 8.12 JUnit 4 参数化测试

关于 JUnit 4 的测试运行机，这里进行简要的补充说明如下：

（1）在 JUnit 4 中，如果没有指定@RunWith，那么会使用一个默认运行机（org.junit.internal.runners.TestClassRunner）执行。

（2）@Parameters 标注的方法必须满足以下要求：

①使用 public static 修饰；

②返回值必须为 java.util.Collection 类型；

③方法参数必须为空。

7．测试集

程序清单 8.6 所示代码是 TestCalculator 测试类，程序清单 8.10 所示代码是 TestSquare 测试类，如果要执行这些测试类，就需要分别使用 JUnit 4 来测试它们。如果需要测试的测试类比较多，逐个执行将非常麻烦。

在 JUnit 4 之前的版本中，已经有测试集的概念，可以在一个测试集中运行若干测试类，不过必须在类中添加一个 suite()方法。而在 JUnit 4 中，可以使用注解替代。为了运行 TestCalculator 和 TestSquare 这两个测试类，需要使用@RunWith 和@Suite 注解编写一个空类，

具体代码如程序清单 8.11 所示。

```
import org.junit.runner.RunWith;
import org.junit.runners.Suite;
@RunWith(Suite.class)
@Suite.SuiteClasses({TestCalculator.class,TestSquare.class})
public class TestAllCalculator{}
```

程序清单 8.11

如何使用 JUnit 5 对“计算器”程序进行测试呢？根据前面对 JUnit 5 的介绍可知：第一，JUnit 5 可以兼容 JUnit 4 程序；第二，在应用层面，JUnit 5 和 JUnit 4 仅在 API 层面存在一些差异，因此二者测试步骤和测试逻辑几乎一致。读者可以查阅本章提供的表 8.1 和相关的 JUnit 5 API，对本节的 JUnit 4 测试案例进行修改，将其用 JUnit 5 的方式实现。

8.3 本章小结

本章介绍了单元测试框架 JUnit 的相关知识，良好的单元测试是程序健壮性的保障。具体而言，本章介绍了以下内容：

（1）目前主流的 JUnit 版本是 JUnit 3、JUnit 4 和 JUnit 5，其中，JUnit 3 是通过继承 TestCase，获得单元测试的相应支持；而 JUnit 4 和 JUnit 5 是以注解的形式进行单元测试的；并且，JUnit 5 可以兼容其他测试框架以及旧版本的 JUnit。

（2）由于 JUnit 3 是通过继承的形式使用测试 API 的，因此，测试的方法都是由父类 TestCase 统一定义的；而 JUnit 4 和 JUnit 5 是基于注解形式的，因此，可以自定义测试方法名，并使用相应的注解进行标识。

（3）JUnit 3、JUnit 4 在测试时，可以使用 Assert 断言类对结果进行判断；而 JUnit 5 通常使用 Assertions 断言类进行判断。

（4）单元测试是以“单元”为基本单位的。换句话说，每次测试的模块应该是一个比较小的单元，而不应是一个复杂的功能。这就要求开发者在编写程序时，尽可能实现代码的细粒度模块化。

8.4 本章练习

单选题

（1）JUnit 主要用来完成（　　）。

A．发送 HTTP 请求　　B．建立 TCP 连接

C．集成测试　　D．单元测试

（2）以下关于 Junit 的描述中正确的是（　　）。

A．JUnit 主要用来完成集成测试。

B．JUnit 是一个 Java 语言的单元测试框架，多数 Java 开发环境都已经集成了 JUnit 作为单元测试的工具。

C．JUnit 测试是程序员测试，程序员知道被测试的软件如何（How）完成功能和完成什

么（What）功能，即所谓黑盒测试。

D．JUnit 4 用到了@Before、@After 和@Test 等注解，这些注解都是 JDK 提供的。

（3）以下关于 JUnit 5 的描述中错误的是（　　）。

A．JUnit 5 是由 JUnit Platform、JUnit Jupiter 和 JUnit Vintage 三个模块组成的。

B．JUnit 5 中的 JUnit Platform 不仅支持 JUnit 5，还兼容其他测试引擎，但不支持旧版本的 JUnit。

C．JUnit 5 中的 JUnit Jupiter 提供了新的编程模型，是 JUnit 5 新特性的核心。

D．JUnit Vintage 可以让 JUnit 5 兼容旧版本的 JUnit。

（4）以下关于 JUnit 4/JUnit 5 注解的描述中错误的是（　　）。

A．JUnit 4 中的@BeforeClass 标记的方法在所有的测试方法执行之前执行且只执行一次。

B．JUnit 5 中的@BeforeAll 标记的方法在所有的测试方法执行之前执行且只执行一次。

C．JUnit 4 中的@Before 标记的方法在每个测试方法执行之前都执行一次。

D．JUnit 5 中的@BeforeAll 标记的方法在每个测试方法执行之前都执行一次。

第 9 章

JDK 8 新特性

本章简介

JDK 8 是 Java 语言历史上变化最大的版本之一，是一个里程碑式的版本。

JDK 8 承诺要调整 Java 编程向着函数式风格迈进，并在语法、编译器、类库以及 Java 虚拟机等方面都引入了许多新特性。本章将介绍 JDK 8 新增的 Lambda 表达式、接口的默认方法、方法引用和重复注解等一些重要的新特性。

9.1 Lambda 表达式

9.1.1 Lambda 简介

JDK 8 提供了非常多的新特性，如果非要在这些特性中选择一个最重要的，笔者认为就是 Lambda 表达式了。Lambda 表达式可以帮助开发者大幅度地简化代码，并且目前的很多主流项目里都已经广泛使用 Lambda 表达式。因此，站在使用的角度来看，Lambda 表达式已经不是“新特性”，而是一个必学的 Java 技能了。

Lambda 表达式将函数式编程引入 Java 语言中，它可以在多种场景下简化程序，并且可以突破传统形式的参数传递：在以前，方法的参数只能是一个变量或普通表达式；但在 JDK 8 以后，Lambda 表达式也可以作为方法的参数来传递，实际上 Lambda 表达式代表着一个匿名方法，因此，换句话说，现在可以让一个方法作为另一个方法的参数存在。

刚刚提到“Lambda 表达式代表着一个匿名方法”，而匿名方法是由参数列表和方法体两部分组成的，Lambda 表达式也必须包含这两部分。此外，Java 中的 Lambda 表达式是用箭头符号（->）将参数列表和方法体连接起来的，因此，一个 Lambda 表达式由以下 3 个部分组成：

（1）参数列表；

（2）箭头符号（->）；

（3）方法体（表达式或代码块）。

以下通过一个示例说明 Lambda 表达式是如何简化代码的。

程序清单 9.1 所示代码是使用匿名内部类实现的一个简单的多线程程序。

```
public class LambdaDemo1 {
    public static void main(String[] args) {
```

```
        new Thread(new Runnable() {
            @Override
            public void run() {
                System.out.println("Hello World");
            }
        }) .start();
    }
}
```

程序清单 9.1

程序清单 9.1 中，“new Thread()”是一个构造方法，其参数是 Runnable 接口类型的，并且根据多线程的知识可知，在 Runnable 接口中只有 run()一个方法。通过观察发现，run()方法的参数列表为空，并且方法体就是“{System.out.println("Hello World");}”，因此，run()方法对应的 Lambda 表达式形式就是“()->{System.out.println("Hello World");}”。现在将程序清单 9.1 中的代码用 Lambda 表达式进行重写，详见程序清单 9.2。

```
public class LambdaDemo2 {
    public static void main(String[] args) {
        new Thread(
                    ()-> {  System.out.println("Hello World");  }     //Lambda 表达式
                  ) .start();
    }
}
```

程序清单 9.2

通过对比程序清单 9.1 和程序清单 9.2 的代码可以发现，Lambda 表达式能够将原本烦琐的代码简化。

9.1.2　函数式接口

Lambda 表达式虽然强大，但也有自己的适用条件。回顾程序清单 9.2 中的代码，在用 Lambda 表达式简化“new Thread(Runnable r)”的参数时，这个 Runnable 类型参数有什么特点呢？在 Runnable 接口中，有且仅有一个抽象方法！也就是说，在使用 Lambda 代替匿名内部类时，该内部类（或接口）中只能有一个抽象方法。

从 JDK 8 开始，如果一个接口中有且仅有一个抽象方法，那么这个接口就称为函数式接口，并且可以选择性地使用@FunctionalInterface 进行标注。例如，JDK 8 以后定义 Runnable 的源码如程序清单 9.3 所示。

```
@FunctionalInterface
public interface Runnable {
    public abstract void run();
}
```

程序清单 9.3

为了方便使用 Lambda 表达式，JDK 8 提供了 java.util.function 包，该包下面的接口全部为函数式接口。其中，最常用的是 Consumer、Supplier、Function 和 Predicate 这 4 个接口，通常它们被称为四大函数式接口。之所以将它们称为四大函数式接口，是因为 java.util.function 包中

的其他接口的设计都源自它们，是从它们衍生出来的。四大函数式接口的介绍如表 9.1 所示。

表 9.1　四大函数式接口

函数式接口	接口中定义的唯一抽象方法	含　　义
Consumer<T>	void accept(T t)	有输入参数，无返回值，称为消费型接口
Supplier<T>	T get()	无输入参数，有返回值，称为供给型接口
Function<T, R>	R apply(T t)	有输入参数，有返回值，称为函数型接口
Predicate<T>	boolean test(T t);	对输入进行断言，并将断言的结果以布尔形式返回，称为断言型接口

程序清单 9.4 所示给出的是 Consumer 接口的定义源码，供大家参考，其余函数式接口可通过翻阅 API 自行阅读。

```
@FunctionalInterface
public interface Consumer<T> {
    void accept(T t);
    default Consumer<T> andThen(Consumer<? super T> after) {
        Objects.requireNonNull(after);
        return (T t) -> { accept(t); after.accept(t); };
    }
}
```

程序清单 9.4

程序清单 9.4 中用 default 修饰的 andThen()方法是一个默认方法，将在 9.3 节进行介绍。Lambda 表达式也可以用于自定义的函数式接口，具体代码详见程序清单 9.5。

```
// 自定义的函数式接口
interface MyLambda {
    void method();
}
public class LambdaDemo3 {
    public LambdaDemo3(MyLambda lambda) {
        // 其他代码
    }
    public static void main(String[] args) {
        new LambdaDemo3(
                () -> {
                    System.out.println("Hello Lambda");
                });
    }
}
```

程序清单 9.5

9.1.3　Lambda 案例

Lambda 表达式除了作为方法的参数，还能够作为赋值运算符的右值。例如，供给型函数式接口 Supplier 中定义了一个没有输入参数、有返回值的 get()函数，那么凡是符合“() ->

{return ...}”形式的表达式，就可以用 Supplier 对象进行接收，具体代码详见程序清单 9.6。

```
public class LambdaDemo4 {
    public static void main(String[] args) {
        Supplier<Double> rand = () -> {return Math.random(); };
    }
}
```

程序清单 9.6

“() -> Math.random();”对 Supplier 中的抽象方法 get()进行了重写。

需要说明的是，Lambda 表达式还提供了类型推断机制，可以通过对上下文的检测，推断出输入参数的类型，因此，如果用 Lambda 表达式实现的方法有输入参数，那么参数的类型是可以省略的。此外，对于 Lambda 的方法体，如果仅仅只有一条语句，可以将方法体外的大括号和 return 关键字省略，读者可以根据程序清单 9.7 中的源码和注释进行学习。

```
public class LambdaDemo5 {
    public static void main(String[] args) {
        //Lambda 表达式
        Function<String, Integer> func = (String arg) -> {
            return Integer.parseInt(arg);
        };
        //省略了输入参数的类型
        Function<String, Integer> func1 = (arg) -> {
            return Integer.parseInt(arg);
        };
        //省略了输入参数类型、return 关键字和{}
        Function<String, Integer> func2 = (arg) -> Integer.parseInt(arg);
    }
}
```

程序清单 9.7

在使用 Lambda 表达式的形式给变量赋值之后，如何使用呢？现在以“Function<String, Integer> func2 = (arg) -> Integer.parseInt(arg);”为例进行说明。赋值符号的左侧 Function 接口中定义了一个抽象方法 Integer apply(String t)，赋值符号的右侧是用 Lambda 表达性实现的一个匿名方法，二者就是一对一的对应关系。换句话说，本程序中 Lambda 表达式就是对 Function 接口中 apply()的具体实现。也就是在调用赋值符号左侧对象的 apply()方法时，就会执行赋值符号右侧 Lambda 表达式。请看程序清单 9.8 中的测试代码。

```
import java.util.function.Function;
public class LambdaDemo5 {
    public static void main(String[] args) {
        //省略其他代码
        Function<String, Integer> func2 = (String arg) -> Integer.parseInt(arg);
        Integer num = func2.apply("100") ;
        System.out.println("运行结果： " + num);
    }
}
```

程序清单 9.8

编译并运行程序，运行结果如图 9.1 所示。

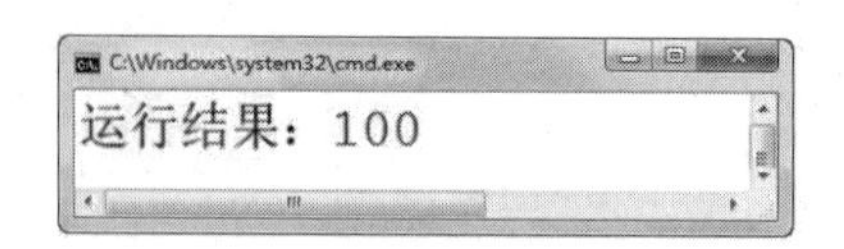

图 9.1　运行结果

9.2 方法引用

方法引用是用来直接访问类或者实例的已经存在的方法或者构造方法。方法引用提供了一种引用而不执行方法的方式。可以将方法引用理解为一种更简洁的 Lambda 表达式。引用的符号是“::”，其语法形式如下：

```
类名::方法名
```

需要注意的是，在使用方法引用时，只需要写方法名，不需要写小括号。

本质上，方法引用是 Lambda 表达式的一种简化形式，请看程序清单 9.9。

```
interface MyInterface3{
    void method(Supplier<Double> s) ;
}
public class MethodRefDemo1 {
    void methodSup(MyInterface3 myInterface) {
        myInterface.method(() -> Math.random());   // Lambda 表达式
    }
}
```

程序清单 9.9

仔细观察 myInterface.method()方法的输入参数，不难发现，“() -> Math.random()”中左右两端的“()”和箭头符号“->”在本程序中并没有什么实际的作用，省略的具体办法就是使用方法引用。例如，程序清单 9.10 的 methodSupRef()就是使用方法引用对 methodSup()的等价实现。

```
void methodSupRef(MyInterface3 myInterface) {
    myInterface.method( Math::random);   // 方法引用
}
```

程序清单 9.10

是否所有的 Lambda 表达式都可以使用方法引用进行简化呢？答案是否定的。使用方法引用必须满足以下条件：Lambda 所重写方法的参数列表，必须与所引用方法的参数列表一致（或可兼容）。例如，在上例中，Lambda 表达式重写的是 Supplier<Double>接口中的 Double get()方法，该方法的参数列表为空；引用的方法 Math.random()中的参数列表也为空。二者的参数列表相同，因此，可以使用方法引用进行简化。

常见的方法引用有 5 种类型，如表 9.2 所示。

表 9.2 JDK 8 中方法引用的类型

方法引用的类型	示 例
引用静态方法	类名 :: 静态方法名
引用某个对象的实例方法	对象名 :: 非静态方法
引用类中的实例方法	类名 :: 非静态方法
引用构造方法	类名:: new
引用数组	元素类型[] :: new

可以发现，程序清单 9.10 中使用的“Math::random”左侧的 Math 是类名，右侧的 random 是静态方法的名字，因此，这种写法就是“引用静态方法”类型的方法引用。下面再给出其余 4 种方法引用的使用案例，具体代码详见程序清单 9.11。为了方便理解，本示例中的函数式接口都是编者自己定义的，大家也可以尝试使用 JDK 自带的函数式接口来替换。

```
import java.util.ArrayList;
interface MyInterface4 {
    boolean method(String str);
}

interface MyInterface5 {
    boolean method(String str1, String str2);
}

class School {
}

interface MyInterface6 {
    School method();
}

interface MyInterface7 {
    String[] method(Integer length);
}

public class MethodRefDemo2 {
    // 引用某个对象的实例方法
    void methodSupRef() {
        ArrayList<String> list = new ArrayList<>();
        // 对象名 :: 非静态方法
        MyInterface4 myInterface = list::add;
    }

    // 引用类中的实例方法
    void methodSupRef2() {
        // 类名 :: 非静态方法
```

```
        MyInterface5 myInterface = String::equals;
    }

    // 引用构造方法
    void methodSupRef3() {
        // 类名 :: new
        MyInterface6 myInterface = School::new;
    }

    // 引用数组
    void methodSupRef4() {
        // 元素类型[] :: new
        MyInterface7 myInterface = String[]::new;
    }
}
```

程序清单 9.11

前面介绍过，方法引用实际上是对 Lambda 表达式的简化。因此，上述程序在使用方法引用给变量 myInterface 赋值后，使用方式与使用 Lambda 表达式的方式是完全一致的。这里仅对 methodSupRef4()方法中 myInterface 的使用方式进行演示，具体代码详见程序清单 9.12。

```
// 引用数组
void methodSupRef4() {
    // 元素类型[] :: new
    MyInterface7 myInterface = String[]::new;
    String[] arr = myInterface.method(10);
    System.out.println("数组的长度是：" + arr.length);
}
```

程序清单 9.12

编译并运行程序，methodSupRef4() 的运行结果如图 9.2 所示。

图 9.2 运行结果

9.3 接口的默认方法

在 JDK 8 以前，接口中的方法必须是抽象方法。但在 JDK 8 中，可以使用 default 关键字在接口中定义默认方法，并提供默认的实现，之后，接口的所有实现类都会默认地“继承”该默认方法。

在本章程序清单 9.4 中的 andThen()就是 Consumer 接口提供的默认方法。默认方法是在接口中使用 default 关键字修饰的方法，并拥有完整的方法签名和方法体。显然，JDK 8 提供的默认方法就使得“接口中的方法只能是抽象方法”这一定义发生了改变。此外，在一个接

口中可以有多个默认方法。

除了 JDK 提供的默认方法，也可以在接口中自定义默认方法，具体代码详见程序清单 9.13。

```
interface MyInterface {
    default String myFunction() {
        return "hello world";
    }
}
```

程序清单 9.13

实现类可以直接继承并使用接口中的默认方法，具体代码详见程序清单 9.14。

```
public class DefaultIntefaceDemo1 implements MyInterface{
    public static void main(String[] args) {
        // 实现类可以继承并使用接口中的默认方法
        new DefaultIntefaceDemo1().myFunction();
    }
}
```

程序清单 9.14

如果默认方法无法满足程序的需求，也可以在实现类中进行重写，具体代码详见程序清单 9.15。

```
interface MyInterface {
    default String myFunction() {
        return "hello world";
    }
}
// 实现类重写接口中的默认方法
class DefaultIntefaceDemo2 implements MyInterface{
    @Override
    public String myFunction() {
        return "Override method";
    }
}
```

程序清单 9.15

至此，细心的读者可能会有一个疑问：如果一个类实现了多个接口，并且多个接口中的默认方法名相同，那么这个类该如何区分不同接口中提供的默认方法呢？请看程序清单 9.16 所示代码。

```
interface MyInterface2{
    default String myFunction() {
        return "hello world2";
    }
}
//  DefaultIntefaceDemo3 同时实现了 MyInterface 和 MyInterface2 两个接口，且两个接口中提供的默认
方法名相同，都是 myFunction()
```

```
class DefaultIntefaceDemo3 implements MyInterface,MyInterface2{
    // 思考：DefaultIntefaceDemo3 如何区分使用两个接口提供的 myFunction()方法？
}
```

程序清单 9.16

解决方法就是在实现类中对多个接口中同名的 myFunction()方法进行重写，然后在重写的方法体中以“父接口名.super.方法名()”的形式指定调用的具体方法，具体代码详见程序清单 9.17。

```
class DefaultIntefaceDemo3 implements MyInterface,MyInterface2{
    @Override
    public String myFunction() {
        //指定使用的是 MyInterface 接口中的 myFunction()方法
        return MyInterface.super.myFunction();
    }
}
```

程序清单 9.17

9.4 重复注解

自从 JDK 5 引入了注解以后，注解就被广泛应用于各个框架之中。但 JDK 5 引入的注解存在一个问题：在同一个地方不能多次使用同一个注解。而 JDK 8 就打破了这个限制，引入了重复注解的概念，允许在同一个地方多次使用同一个注解。

在 JDK 8 中使用@Repeatable 注解定义重复注解，请看程序清单 9.18 中的代码。

```
// 自定义注解，该注解中包含了数组类型的注解 Authority[]
@interface Authorities {
    Authority[] value();
}
// 通过@Repeatable 标识 Authority 注解可以重复出现在 Authorities 注解中
@Repeatable(Authorities.class)
public @interface Authority {
    String value();
}
```

程序清单 9.18

在创建重复注解 Authority 时，通过@Repeatable 标识 Authority 注解可以在 Authorities 注解中出现多次，并且通过 Authorities 注解的定义可知，Authority 注解实际是以数组形式在 Authorities 中存储了多个。之后，在使用的时候，就可以重复使用 Authority 注解了，具体代码详见程序清单 9.19。

```
@Authority(value="Admin")
@Authority(value="Manager")
interface AuthorityInterface {
}
```

程序清单 9.19

9.5　Stream API

JDK 8 提供一个全新 Stream API，可以让 Java 程序以类 SQL 语句的方式操作数组、集合等批量型的数据，让程序更加简洁。JDK 8 中的 Stream API 存在于 java.util.stream 包中，称为流。需要注意的是，Stream 代表的流和 IO 操作中的流是两种完全不同的概念。

在使用 Stream 处理数据时，需要经历以下 3 个阶段：

（1）生成流；

（2）转换流；

（3）终止流。

9.5.1　生成流

Stream 是以接口的形式定义的。使用 Stream 的第一步就是将集合等类型的数据先转为 Stream 类型，也就是生成流。JDK 8 提供了非常丰富的生成流方式，不过读者也不必去记忆所有生成流的具体方式，只要把握住一点原则：Stream 是用于处理数组、集合等批量数据的，因此，在相关的数组类（如 Arrays）、集合接口（如 Collection）和 Stream 接口中就一定存在着生成流的方法。具体代码详见程序清单 9.20。

```
public class StreamDemo1 {
    public static void main(String[] args) {
        // 使用集合接口 Collection 中的方法生成流
        List<String> list = new ArrayList<>();
        list.add("a");
        list.add("ab");
        list.add("abc");
        list.add("hello");
        list.add("stream");
        // stream()会以单线程的方式，将集合中的数据转为 Stream 类型
        Stream<String> stream1 = list.stream();
        // parallelStream()会以多线程的并发方式，将集合中的数据转为 Stream 类型
        Stream<String> stream2 = list.parallelStream();

        // 使用数组类 Arrays 中的方法生成流
        String[] arr = new String[]{"hello", "stream"};
        Stream<String> stream3 = Arrays.stream(arr);

        // 使用 Stream 接口中的方法生成流
        Stream<String> stream4 = Stream.of(arr);
    }
}
```

程序清单 9.20

程序清单 9.20 所示程序中定义了一个 List 类型的对象 list，并存放了多条数据，之后分别通过 List 接口中的 stream()/parallelStream()方法和 Arrays 类中的 stream()方法，将 list 转为

Stream 类型；最后定义了一个数组类型的对象 arr，并通过 Stream 接口中的 of()方法将其转为 Stream 类型。

9.5.2 转换流

转换流是指对已经生成的 Stream 对象进行转换。Stream 接口提供了很多常见的转换方法，例如，通过 filter()方法对 Stream 对象中的数据进行过滤，或者通过 limit()限制 Stream 对象中的数据个数等。需要注意的是，可以对同一个 Stream 对象进行多次转换操作。

1．filter()和 limit()方法

Stream 接口中对 filter()和 limit()方法的定义如下：

```
public interface Stream<T> extends BaseStream<T, Stream<T>> {
    ...
    Stream<T> filter(Predicate<? super T> predicate);
    Stream<T> limit(long maxSize);
    ...
}
```

通过阅读上述源码可知，filter()方法的参数是一个断言式接口 Predicate，因此，可以使用 Predicate 接口中的“boolean test(T t);”方法对 Stream 对象中的所有数据进行筛选，过滤出符合条件的数据。而 limit()方法可以通过 long 类型的参数限制 Stream 对象中的数据个数。具体代码详见程序清单 9.21。

```
import java.util.*;
import java.util.stream.Stream;

public class StreamDemo1 {
    public static void main(String[] args) {
        // 使用集合接口 Collection 中的方法生成流
        List<String> list = new ArrayList<>();
        list.add("a");
        list.add("ab");
        list.add("abc");
        list.add("hello");
        list.add("stream");
        Stream<String> stream1 = list.stream();
        ...
        // 使用 filter()和 limit()方法进行转换流操作
        Stream<String> stream =
                //先使用 filter()方法筛选出 stream1 中字符串长度大于 2 的元素
                stream1.filter((x) -> x.length() > 2)
                // 然后再通过 limit()方法从结果元素中保留两个元素
                .limit(2);

    }
}
```

程序清单 9.21

由此可见，Stream 支持链式编程的风格，可以使得编写出来的程序更加简洁。

2．map()方法

Stream 接口中对 map()方法的定义如下：

```
public interface Stream<T> extends BaseStream<T, Stream<T>> {
    ...
    <R> Stream<R> map(Function<? super T, ? extends R> mapper);
    ...
}
```

通过阅读上述源码可知，map()方法的参数是一个函数式接口 Function，因此，可以使用 Function 接口中的“R apply(T t);”方法对 Stream 对象中的元素进行转换操作，即将传入的“T”元素转换并输出成“R”元素。具体代码详见程序清单 9.22。

```
import java.util.*;
import java.util.stream.Stream;

public class StreamDemo1 {
    public static void main(String[] args) {
        // 使用集合接口 Collection 中的方法生成流
        List<String> list = new ArrayList<>();
        list.add("a");
        list.add("ab");
        list.add("abc");
        list.add("hello");
        list.add("stream");
        ...
        Stream<String> stream2 = list.parallelStream();

         ...
        //使用 map 方法进行转换流操作
        stream = stream2.map(str -> str.toUpperCase());
    }
}
```

程序清单 9.22

程序清单 9.22 所示程序中使用 map()方法将 stream2 中的元素都转为大写。

除了本小节介绍的 filter()、limit()和 map()方法，Stream 还提供了很多其他的转换流方法，读者可以查阅相关 API 进行学习。

9.5.3　终止流

生成流是指将数组和集合等类型的数据转为 Stream 对象，转换流是指将一种 Stream 对象转为另一种 Stream 对象。顾名思义，终止流就是 Stream 对象的终端操作。终止流的操作也多存在于 Stream 接口中，例如，可以使用 forEach()方法遍历 Stream 对象中的元素，使用重载的“T reduce(T identity, BinaryOperator<T> accumulator);”方法对 Stream 对象中的多个元素进行归约处理，使用 max()/min()/count()等方法对 Stream 对象中的元素进行统计操作等。

具体代码详见程序清单 9.23 和程序清单 9.24 所示。

```
import java.util.*;
import java.util.stream.Stream;
public class StreamDemo1 {
    public static void main(String[] args) {
        ...
        // 使用数组类 Arrays 中的方法生成流
        String[] arr = new String[]{"hello", "stream"};
        Stream<String> stream3 = Arrays.stream(arr);
        ...
        //使用 map 方法进行转换流操作
        stream = stream3.map(str -> str.toUpperCase());
        //终止流
        //reduce()方法可以聚合流中的所有元素，也就是将 Stream 中的所有元素依次按表达式计算，
最终得出一个值
        String reduce = stream.reduce("", (a, b) -> a + b);
        System.out.println("reduce：" + reduce);
    }
}
```

程序清单 9.23

编译并运行程序，运行结果如图 9.3 所示。

图 9.3　运行结果

程序清单 9.23 所示程序中使用了“T reduce(T identity, BinaryOperator<T> accumulator);”方法对 stream 对象中的所有元素进行归约处理，reduce()方法的第一个参数代表归约前的初始值，第二个参数是函数式接口 BinaryOperator，其源码如下：

```
@FunctionalInterface
public interface BiFunction<T, U, R> {
    R apply(T t, U u);

    ...
    }
}
@FunctionalInterface
public interface BinaryOperator<T> extends BiFunction<T,T,T> {
    ...
}
```

在程序清单 9.23 中，“stream.reduce("", (a, b) -> a + b);”方法的第一个参数是空字符串，表示归约前的初始值；第二个参数是用 Lambda 表达式实现的“R apply(T t, U u)”方法（即

“(a, b) -> a + b”)，表示归约的过程实际就是将两个输入参数使用“+”运算符进行了拼接。第一次调用表达式将空字符串和流中的第一个元素拼接，并将结果作为下次调用表达式的第一个参数，流中的第二个元素自然就是第二个参数，以此类推。

接下来，再使用 forEach()和 count()等方法处理 Stream 对象中的元素。Stream 接口中定义 forEach()的源码如下：

```
void forEach(Consumer<? super T> action);
```

具体使用请看程序清单 9.24。

```
import java.util.*;
import java.util.stream.Stream;
public class StreamDemo1 {
    public static void main(String[] args) {
        // 使用集合接口 Collection 中的方法生成流
        List<String> list = new ArrayList<>();
        list.add("a");
        list.add("ab");
        list.add("abc");
        list.add("hello");
        list.add("stream");
        ...
        Stream<String> stream2 = list.parallelStream();
        String[] arr = new String[]{"hello", "stream"};
        ...
        //统计 stream2 中的元素个数
        long count = stream2.count();
        System.out.println("stream3 中的元素个数是：" + count);

        //重新生成 stream2 流
        stream2 = Stream.of(arr);

        //使用 forEach()遍历并输出 stream2 中的元素
        stream2.forEach(x -> System.out.print(x + "\t"));


    }
}
```

程序清单 9.24

需要注意的是，reduce()、forEach()和 max()/min()/ count()等方法都是对流的终止操作，因此，当在程序中使用了这些方法之后，就不能再对 Stream()对象进行其他操作了。如有需要，只能再重新生成一次流对象，如程序中的“stream2 = Stream.of(arr);”。

编译并运行程序，运行结果如图 9.4 所示。

图 9.4　运行结果

9.6　其他 JDK 8 特性

本章介绍的 Lambda 表达式、方法引用、接口的默认方法、重复注解和 Stream API 等特性，都是建议读者尽量学习的知识，尤其是 Lambda 表达式现在几乎已经广泛应用到了各个企业项目中。除了本章介绍的新特性，JDK 8 还提供了新的 Date API、对高并发的新支持、更好的类型推测机制，以及类依赖分析器 jdeps 等特性。

JDK 8 除了在功能上提供更为丰富的支持，在编程风格和底层原理上也得到了重大的升级。例如，Lambda 表达式就使得方法的参数不再局限于变量或表达式，还可以是 Lambda 表达式代表的匿名函数，这在很大程度突破了传统 Java 编程的限制，为函数式编程提供了可能。再如我们经常使用的 HashMap，传统 HashMap 的底层采用了“数组+链表”的数据结构，而 JDK 8 引入了红黑树，即使用“数组+链表+红黑树”的结构作为 HashMap 的底层结构，大幅度提升了 HashMap 的存取效率。因此，JDK 8 是 Java 发展史上一次全面的、十分重要的升级。

不难看出，JDK 8 的升级必然会对日后的开发带来重大影响。因此，建议读者多浏览技术文章，多上机实践，时刻坚持学习，不断提高自己的技术水平。

9.7　本 章 小 结

JDK 8 是 Java 发展史上非常重要的一个版本，本章介绍了其中一些较为重要的新特性：

（1）Lambda 表达式可以代表一个匿名方法，由逗号分隔的参数列表、箭头符号（->）和方法体 3 部分组成；

（2）如果一个接口中有且只有一个抽象方法，该接口就称为函数式接口，并可以用 @FunctionalInterface 标注；

（3）JDK 的 java.util.function 包中提供了非常多的函数式接口，其中 Consumer、Supplier、Function 和 Predicate 这 4 个接口称为四大函数式接口；

（4）方法引用是一种更简洁易懂的 Lambda 表达式，引用的符号是“::”；

（5）方法引用可以进一步细分为引用静态方法、引用某个对象的实例方法、引用类中的实例方法、引用构造方法和引用数组 5 个类型；

（6）在 JDK 8 中可以使用 default 关键字在接口中定义默认方法，并提供默认的实现，之后，接口的所有实现类都会继承该默认方法；

（7）JDK 8 引入了重复注解的概念，允许在同一个地方多次使用同一个注解；

（8）Stream API 可以让 Java 程序以类 SQL 语句的方式操作数组、集合等批量数据；

（9）在使用 Stream 处理数据时，需要经历生成流、转换流和终止流 3 个阶段。

9.8 本章练习

单选题

（1）一个完整的 Lambda 表达式由哪些部分组成？（ ）

①用逗号分隔的参数列表

②箭头符号（->）

③方法名

④方法体（表达式或代码块）

A. ①②③　　B. ①②④　　C. ②③④　　D. ①③④

（2）以下关于 Lambda 表达式的说法中正确的是（ ）。

A. 任何类或接口中的方法，都可以改写为 Lambda 表达式的形式。

B. Lambda 表达式是 JDK 7 提供的新特性。

C. Lambda 表达式可以简化匿名内部类的写法，因此，使用 Lambda 表达式之后，程序中就不能再使用匿名内部类了。

D. Lambda 表达式是一种匿名方法。

（3）以下关于函数式接口的说法中正确的是（ ）。

A. 函数式接口是指有且只有一个抽象方法的接口。

B. 函数式接口必须使用@FunctionalInterface 进行标注。

C. 函数式接口只存在于 java.util.function 包中。

D. 消费型接口 Consumer、供给型接口 Supplier、函数型接口 Function 和断言型接口 Assert 统称为四大函数式接口。

（4）以下关于接口中默认方法的说法中错误的是（ ）。

A. 在 JDK 8 中，接口中的方法也可以是包含方法体的方法，因此，在 JDK 8 中定义接口和定义类的语法要求是相同的。

B. 在接口中定义了默认方法以后，接口的所有实现类都会继承该默认方法。

C. 在一个接口中可以有多个默认方法。

D. 实现类可以直接继承并使用接口中的默认方法。

（5）以下关于 JDK 8 提供的 Stream 的说法中错误的是（ ）。

A. 在使用 Stream 处理数据时，需要经历生成流、转换流和终止流 3 个阶段。

B. Stream 可以用于处理数组、集合等批量数据。

C. 可以对同一个 Stream 对象进行多次转换操作。

D. 可以对同一个 Stream 对象进行多次终止操作。

第 10 章 JDBC

本章简介

如何通过 Java 程序访问数据库呢？答案是可以使用 JDBC（Java DataBase Connectivity）。JDBC 由一组使用 Java 语言编写的类和接口组成，可以为 Oracle、MySQL 等多种关系型数据库提供统一的访问方式，从而实现用 Java 代码操作数据库。本章将对 JDBC 的基本原理及使用步骤进行介绍，然后通过完整的案例介绍 JDBC 的使用细节。

为了提高开发的效率，本章在讲解时使用了开发工具 Eclipse。

10.1 JDBC 概述

JDBC 的顶层是开发人员自己编写的 Java 应用程序，如图 10.1 所示。Java 应用程序可以通过集成在 JDK 中的 java.sql 及 javax.sql 包中的 JDBC API 访问数据库。

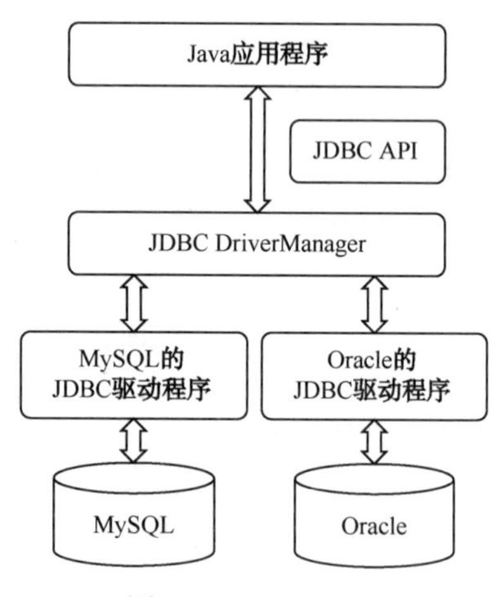

图 10.1 JDBC 原理

下面讲解图 10.1 中出现的一些重要的 JDBC 组件。

1. JDBC API

JDBC API 存在于 JDK 中，其中包含了 Java 应用程序与各种不同数据库交互的标准接口，如 Connection 是连接数据库的接口，Statement 是操作数据库的接口，ResultSet 是查询结果集接口，PreparedStatement 是预处理操作接口等。开发者可以使用这些 JDBC 接口操作关系型数据库。

JDBC API 中常用接口和类的介绍如表 10.1 所示。

表 10.1 JDBC API 中的常用接口和类

接口/类	简　　介
DriverManager 类	根据不同的数据库，管理相应的 JDBC 驱动。可以通过 DriverManager 类的 getConnection()方法获取数据库连接对象（即 Connection 对象）
Connection 接口	由 DriverManager 产生，用于连接数据库并传递数据
Statement 接口	由 Connection 产生，用于执行增、删、改、查等 SQL 语句
PreparedStatement 接口	Statement 的子接口（该接口的定义是：public interface PreparedStatement extends Statement{…}）。PreparedStatement 同样由 Connection 产生，同样用于执行增、删、改、查等 SQL 语句。与 Statement 接口相比，Statement 具有更高的安全性（可以防止 SQL 注入等安全隐患）、更高的性能、更高的可读性和可维护性等优点
CallableStatement 接口	PreparedStatement 的子接口（该接口的定义是：public interface CallableStatement extends PreparedStatement {…}）。CallableStatement 同样由 Connection 产生，用于调用存储过程或存储函数
ResultSet 接口	接收 Statement 对象（或 PreparedStatement 对象）执行查询操作后返回的结果集

从开发的角度讲，JDBC API 主要完成 3 件事：①与数据库建立连接；②向数据库发送 SQL 语句；③返回数据库的处理结果。如图 10.2 所示。

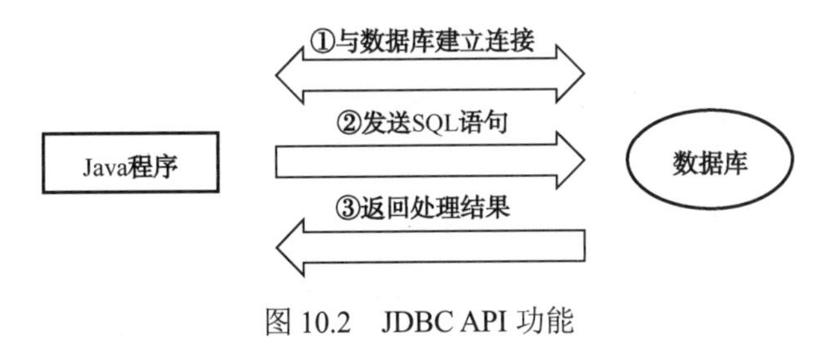

图 10.2 JDBC API 功能

2．JDBC Driver Manager

JDBC Driver Manager 也存在于 JDK 中，负责管理各种不同数据库的 JDBC 驱动。

3．JDBC 驱动

JDBC 驱动由各个数据库厂商或第三方厂商提供，负责针对不同数据库实现 JDBC API。例如，在图 10.1 中，应用程序访问 MySQL 和 Oracle 时，就需要不同的 JDBC 驱动，这些 JDBC 驱动都各自实现了 JDBC API 中定义的各种接口。在使用 JDBC 连接数据库时，只要正确加载了 JDBC 驱动，就可以通过调用 JDBC API 操作数据库。

10.2 JDBC 开发步骤

开发一个 JDBC 程序，有以下 4 个基本步骤。

1．导入 JDBC 驱动包并加载驱动类

使用 JDBC 访问数据库前，需要先导入相应的驱动包（例如，MySQL 数据库的驱动包

为 mysql-connector-java-版本号.jar）。在 Eclipse 中，可以通过以下步骤导入驱动包。

（1）将驱动包复制到工程的 src 目录下；

（2）在 src 目录下，用鼠标右键单击驱动包（本书使用的是“mysql-connector-java-5.1.18.jar”），然后依次选择“Build Path”→“Add to Build Path”命令，如图 10.3 所示。

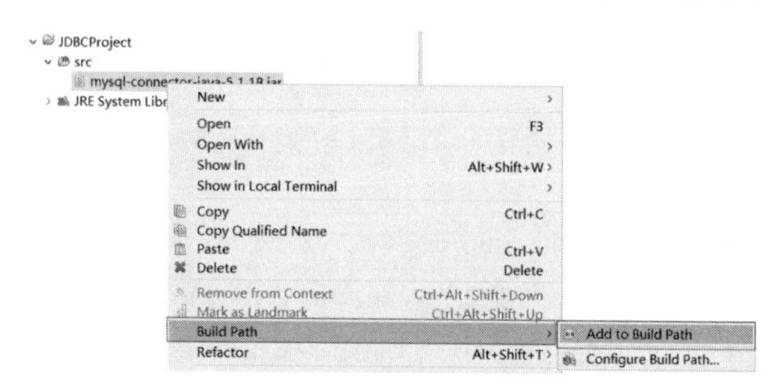

图 10.3　导入驱动包

此时，如果在工程的“Referenced Libraries”中能看到驱动包，就说明已经导入成功了，如图 10.4 所示。

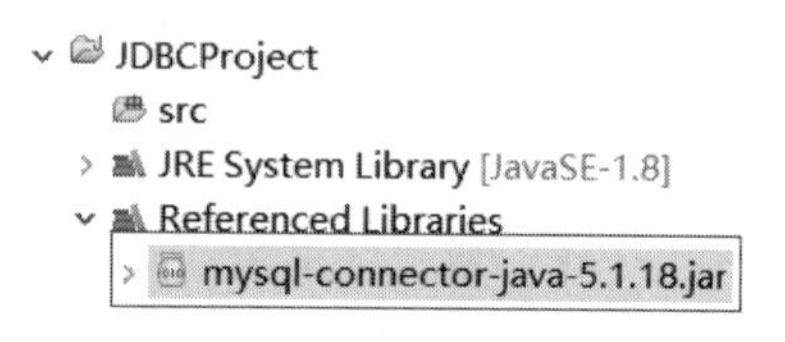

图 10.4　查看导入的驱动包

驱动包导入之后，就可以使用 Class.forName()方法将具体的 JDBC 驱动类加载到 JVM 中，加载的代码如下：

```
Class.forName("JDBC 驱动类名");
```

如果指定的驱动类名不存在，就会引发 ClassNotFoundException 异常。

之后在代码中就可以利用连接字符串、用户名和密码等参数来获取数据库连接对象。常见关系型数据库的 JDBC 驱动包包名、驱动类类名及连接字符串如表 10.2 所示。

表 10.2　数据库连接信息

数据库	JDBC 驱动包	JDBC 驱动类	连接字符串
MySQL	mysql-connector-java-版本号.jar	（1）MySQL 5 及以下版本：com.mysql.jdbc.Driver （2）MySQL 6 及以上版本：com.mysql.cj.jdbc.Driver）	jdbc:mysql://localhost:3306/数据库实例名
Oracle	ojdbc 版本号.jar	oracle.jdbc.OracleDriver	jdbc:oracle:thin:@localhost:1521:数据库实例名
SQL Server	sqljdbc 版本号.jar	com.microsoft.sqlserver.jdbc.SQLServerDriver	jdbc:microsoft:sqlserver://localhost:1433;databasename=数据库实例名

“连接字符串”由协议、服务器地址、端口和数据库实例名构成，示例中 localhost 可被替换成服务器的 IP 地址，3306、1521 和 1433 分别是 MySQL、Oracle 和 SQL Server 三种数据库的默认端口号。

2．建立数据库连接

JDBC 使用 DriverManager 类来管理驱动程序，并通过其 getConnection()方法获取连接对象，代码如下：

```
Connection connection = DriverManager.getConnection("连接字符串","数据库用户名","数据库密码");
```

Connection 接口的常用方法如表 10.3 所示。

表 10.3 Connection 接口的常用方法

方　法	简　介
Statement createStatement() throws SQLException	创建 Statement 对象
PreparedStatement prepareStatement(String sql)	创建 PreparedStatement 对象

3．发送 SQL 语句并获取执行结果

获得了Connection对象后，就可以通过Connection对象来获得Statement或PreparedStatement对象，并通过该对象向数据库发送 SQL 语句。

（1）Statement 对象。

```
//创建 Statement 对象
Statement stmt = connection.createStatement();
```

发送“增、删、改”类型的 SQL 语句：

```
int count = stmt.executeUpdate("增、删、改的 SQL 语句")
```

发送“查询”类型的 SQL 语句：

```
ResultSet rs = stmt.executeQuery("查询的 SQL 语句");
```

如果 SQL 语句是增、删、改操作，会返回一个 int 型结果，表示多少行受到了影响，即增、删、改了几条数据；如果 SQL 语句是查询操作，数据库会返回一个 ResultSet 结果集，该结果集包含了 SQL 查询的所有结果。

Statement 对象的常用方法如表 10.4 所示。

表 10.4 Statement 对象的常用方法

方　法	简　介
int executeUpdate()	用于执行 INSERT、UPDATE、DELETE 以及 DDL（数据定义语言）语句（如 CREATE TABLE… 和 DROP TABLE…） 对于 CREATE TABLE 或 DROP TABLE 等 DDL 类型的语句，executeUpdate 的返回值总为 0
ResultSet executeQuery()	用于执行 SELECT 查询语句，返回值是一个 ResultSet 类型的结果集
void close()	关闭 Statement 对象

（2）PreparedStatement 对象。

```
//创建 PreparedStatement 对象
```

```
PreparedStatement pstmt = connection.prepareStatement("增、删、改、查的 SQL 语句");
```

发送“增、删、改”类型的 SQL 语句：

```
int count = pstmt.executeUpdate()
```

发送“查询”类型的 SQL 语句：

```
ResultSet rs = pstmt.executeQuery();
```

PreparedStatement 对象的常用方法如表 10.5 所示。

表 10.5　PreparedStatement 对象的常用方法

方　法	简　介
executeUpdate()	用法上，类似于 Statement 接口中的 executeUpdate()
executeQuery()	用法上，类似于 Statement 接口中的 executeQuery ()
setXxx()	有 setInt()、setString()、setDouble()等多个方法，用于给 SQL 中的占位符“?”赋值。setXxx()方法有两个参数，第一个参数表示占位符的位置（从 1 开始），第二个参数表示占位符所代表的具体值。 例如，可以将 SQL 写成“select * from student where name=? and age = ? ”，其中两个问号代表两个占位符，之后再使用 setString(1,"张三")和 setInt(2,23)来分别为两个占位符赋值（即给 name 和 age 赋值）
close()	关闭 PreparedStatement 对象

4．处理返回结果集

如果是查询操作，可以通过迭代的方式循环取出结果集中的所有数据：首先通过 rs.next()判断是否还有下一行数据，如果有，rs 就会移动到下一行，之后再通过 rs.getXxx()获取行内的每列数据，代码如下：

```
while(rs.next()){
    int stuNo = rs.getInt("stuNo");
    String stuName = rs.getString("stuName");
    …
}
```

ResultSet 的常用方法如表 10.6 所示。

表 10.6　ResultSet 的常用方法

方　法	简　介
boolean next()	将光标从当前位置向下移动一行，指向结果集中的下一行数据。通常用来判断查询到的结果集中是否还有数据。如果有，则返回 true，否则返回 false
boolean previous()	将光标从当前位置向上移动一行
int getInt(int columnIndex)	获取当前一行数据中指定列号的字段值，该列必须是整数类型的字段。例如，学生表中有 number 类型的 stuNo 字段在第一列，就可以使用 getInt(1)来获取值。 除此之外，还有 getFloat()、getString()、getDate()、getBinaryStream()等多个类似方法，用于获取不同类型的字段

续表

方 法	简 介
int getInt(String columnLabel)	获取当前一行数据中指定列名的字段值，该列必须是整数类型的字段。例如，学生表中有number 类型的 stuNo 字段，就可以使用 getInt("stuNo")来获取值 除此之外，还有 getFloat()、getString()、getDate()等多个类似方法，用于获取不同类型的字段
void close()	关闭 ResultSet 对象

10.3 使用 JDBC 实现单表增、删、改、查

本节以 Oracle 数据库为例，在实际业务场景中体会 JDBC 细节。

假设数据库中存在一张学生表 student，各字段名称及类型如表 10.7 所示。

表 10.7 student 表结构

字 段 名	类 型	含 义
stuNo	int(4)	学号
stuName	varchar(10)	学生姓名
stuAge	int(2)	学生年龄

此时，student 表中的数据如图 10.5 所示。

```
+-------+---------+--------+
| stuno | stuname | stuage |
+-------+---------+--------+
|     1 | zs      |     23 |
|     2 | ls      |     24 |
|     3 | ww      |     25 |
|     4 | yq      |     30 |
|     5 | zl      |     31 |
+-------+---------+--------+
```

图 10.5 student 表中的数据

10.3.1 使用 Statement 访问数据库

之前已经介绍过 JDBC 的开发步骤，并且知道在使用 JDBC 时需要区分“增、删、改”和“查询”操作，以下是具体的实现细节。

1．实现“增、删、改”操作

本案例先使用 Statement 提供的 executeUpdate()方法执行删除操作，具体代码详见程序清单 10.1。

```
import java.sql.*;
public class JDBCUpdateByStatement{
    final static String DRIVER = "com.mysql.jdbc.Driver";
    //数据库的实例名是 mydb
    final static String URL = "jdbc:mysql://localhost:3306/mydb";
```

```
    //访问数据库的用户名
    final static String USERNAME = "root";
    //访问数据库的密码
    final static String PASSWORD = "root";
    static Connection connection = null;
    static Statement stmt = null;
    static ResultSet rs = null;
    //执行“删除”的方法
    public static boolean executeUpdate()  {
        boolean flag = false ;
        try{
            //（1）加载数据库驱动
            Class.forName(DRIVER);
            //（2）获取数据库连接
            connection = DriverManager.getConnection(URL, USERNAME, PASSWORD);
            //（3）通过连接，获取一个 Statement 的对象，用来操作数据库
            stmt = connection.createStatement();
            //（4）通过 executeUpdate()实现删除操作
            String deleteSql   = "delete from student where stuno =5" ;
            int count = stmt.executeUpdate(deleteSql );
            System.out.println("受影响的行数是："+count);
            flag = true ;//如果一切正常，没有发生异常，则将 flag 设置为 true
        }catch (ClassNotFoundException e)           {
            e.printStackTrace();
        }catch (SQLException e){
            e.printStackTrace();
        }catch (Exception e){
            e.printStackTrace();
        }finally{
            try   {
                if(stmt != null)stmt.close();
                if(connection != null)connection.close();
            }catch (SQLException e)     {
                e.printStackTrace();
            }catch (Exception e)   {
                e.printStackTrace();
            }
        }
        return flag ;
    }
}
```

程序清单 10.1

执行 executeUpdate()方法，即可把 student 表中 stuNo 为 5 的那条数据删除。

以上是“删除”方法的执行细节。如果要执行“增加”操作，只需要修改上述代码中 executeUpdate()方法的 SQL 参数，代码如下：

```
//通过 executeUpdate()实现对数据库的增加操作
String addSql = "insert into student(stuNo,stuName,stuAge) values(5,'ww',25)" ;
int count=stmt.executeUpdate(addSql);
```

类似地，如果要执行“修改”操作，也只需要修改 executeUpdate()方法中的 SQL 参数，代码如下：

```
//通过 executeUpdate()实现对数据库的修改操作
String updateSql = "update student set stuName = 'ls' where stuName='ww'" ;
int count=stmt.executeUpdate(updateSql);
```

即“增、删、改”操作唯一不同的就是 executeUpdate()方法中的 SQL 语句。

2．实现“查询”操作

接下来使用 Statement 对象实现“查询”数据库的操作。此时，笔者数据库的 student 表中的数据如图 10.6 所示。

stuno	stuname	stuage
1	zs	23
2	ls	24
3	ls	25
4	yq	30
5	ls	25

图 10.6　student 表

“查询”数据库和“增、删、改”操作的步骤基本相同，具体代码详见程序清单 10.2。

```
…
public class JDBCQueryByStatement{
…
    public static void executeQuery() {
        try{
            //（1）加载数据库驱动
            Class.forName(DRIVER);
            //（2）获取数据库连接
            connection = DriverManager.getConnection(URL, USERNAME, PASSWORD);
            //（3）通过连接，获取一个操作数据库 Statement 的对象
            stmt = connection.createStatement();
            //（4）通过 executeQuery()实现对数据库的查询，
            //并返回一个结果集（结果集中包含了所有查询到的数据）
            String querySql = "select stuNo,stuName,stuAge from student";
            rs = stmt.executeQuery(querySql);
            //（5）通过循环读取结果集中的数据
            while(rs.next()){
                //等价于 rs.getInt(1);
                int stuNo = rs.getInt("stuNo");
                // rs.getString(2);
                String stuName = rs.getString("stuName");
```

```
                //rs.getString(3);
                int stuAge = rs.getInt("stuAge");
                System.out.println(stuNo+"\t"+stuName+"\t"+stuAge);
            }
        }catch (ClassNotFoundException e){
            e.printStackTrace();
        }catch (SQLException e){
            e.printStackTrace();
        }catch (Exception e){
            e.printStackTrace();
        }finally{
            try    {
            //注意 rs、stmt、connection 三个对象的关闭顺序
                if(rs != null)rs.close();
                if(stmt != null)stmt.close();
                if(connection != null)connection.close();
            }catch (SQLException e)
            {
                e.printStackTrace();
            }catch (Exception e)
            {
                e.printStackTrace();
            }

        }
    }
}
```

程序清单 10.2

执行 executeQuery()方法，即可查询出 student 表中所有的 stuNo、stuName 和 stuAge 字段值，查询结果如图 10.7 所示。

```
Console
<terminated> JDBCUpdateByStatement [Java Application]
1       zs      23
2       ls      24
3       ls      25
4       yq      30
5       ls      25
```

图 10.7　查询结果

如果是根据 String 类型的 name 变量进行模糊查询，那么查询的 SQL 语句可写为以下形式：

```
"select stuNo,stuName,stuAge from student where stuName like '%"+name + "%' "
```

请注意“%”两侧的单引号。

10.3.2 使用 PreparedStatement 访问数据库

在写代码的时候，PreparedStatement 和 Statement 对象的使用步骤基本相同，只不过在方法的参数、返回值等细节上存在差异。请读者仔细阅读程序清单 10.3 中的代码，并和 Statement 方式的“增、删、改”操作进行比较。

1. 实现“增、删、改”操作。

```
…
public class JDBCUpdateByPreparedStatement{
    …
    static PreparedStatement pstmt = null;
    public static boolean executeUpdate()  {
        boolean flag = false;
        try  {
            Class.forName(DRIVER);
            connection = DriverManager.getConnection(URL, USERNAME, PASSWORD);
            //用占位符来代替参数值
            String deleteSql = "delete from student where stuName = ? and stuAge = ?" ;
            pstmt = connection.prepareStatement(deleteSql);
            //将第一个占位符“?”的值替换为“zs”（占位符的位置是从 1 开始的）
            pstmt.setString(1, "zs");
            //将第二个占位符“?”的值替换为 23
            pstmt.setInt(2, 23);
            int count = pstmt.executeUpdate();
            System.out.println("受影响的行数是：" + count);
            flag = true;
        }
        //省略 catch、finally 部分代码
        return flag;
    }
}
```

程序清单 10.3

可见，与 Statement 相比，本次使用 PreparedStatement 执行“增、删、改”操作的不同之处如下：

（1）SQL 语句提前写在了 prepareStatement()方法参数中；

（2）先在 SQL 语句中使用了占位符“?”，然后使用 setXxx()方法对占位符进行了替换。

2. 实现“查询”操作

请读者仔细阅读程序清单 10.4 中的代码，并和使用 Statement 进行“查询”操作的代码进行对比。

```
…
public class JDBCQueryByPreparedStatement{
    …
    public static void executeQuery() {
        Scanner input = new Scanner(System.in);
```

```
            try{
                ...
                System.out.println("请输入用户名:");
                String name = input.nextLine();
                System.out.println("请输入密码:");
                String pwd = input.nextLine();
                //如果用户输入的 username 和 password 在表中有对应的数据（count(1)>0），
                //则说明存在此用户
                String querySql = "select count(1) from login where username = ? and password = ?" ;
                pstmt = connection.preparedStatement(querySql);
                pstmt.setString(1, name);
                pstmt.setString(2, pwd);
                rs = pstmt.executeQuery();
                if (rs.next()){
                //获取 SQL 语句中 count(1)的值
                    int count = rs.getInt(1);
                    if (count > 0)
                        System.out.println("登录成功");
                    else  {
                        System.out.println("登录失败");
                    }
                }
            }
            //省略 catch、finally 部分代码
        }
    }
```

程序清单 10.4

如果使用 PreparedStatement 进行模糊查询，可以在 setXxx()方法的第二个参数中加入通配符（如“%”）。例如，根据 name 模糊查询代码如下：

```
PreparedStatement pstmt = ... ;
ResultSet rs = ... ;
...
String querySql = "select *  from book  where name like ?" ;
pstmt.setString(1, "%" +name +"%");
rs = pstmt.executeQuery();
```

需要注意的是，如果使用的是 Statement，当需要给 SQL 语句拼接 String 类型变量时，必须加上单引号，如"select … from … where stuName like '%"+name + "%'"；但如果使用的是 PreparedStatement，则不需要加，如 pstmt.setString(1, "%" +name +"%")。

10.3.3 JDBC 中的异常处理及资源关闭

在编写 JDBC 代码时，经常会遇到异常处理。如表 10.8 所示列出了一些常见抛出异常的方法。

表 10.8　JDBC 中会抛出异常的常用方法

方　法	抛出的异常类型
Class.forName()方法	ClassNotFoundException
DriverManager.getConnection()方法	SQLException
Connection 接口的 createStatement()方法	
Statement 接口的 executeQuery()方法	
Statement 接口的 executeUpdate()方法	
Connection 接口的 preparedStatement()方法	
PreparedStatement 接口的 setXxx()方法	
PreparedStatement 接口的 executeUpdate()方法	
PreparedStatement 接口的 executeQuery()方法	
ResultSet 接口的 next()方法	
ResultSet 接口的 close()方法	
Statement 接口的 close()方法	
Connection 接口的 close()方法	

为了及时地释放不再使用的资源，需要在数据库访问结束时调用各个对象的 close()方法，如表 10.9 所示。

表 10.9　JDBC 中的 close()方法

方　法	立即释放的资源	
ResultSet 接口的 close()方法	此 ResultSet 对象的数据库	JDBC 资源
Statement 接口的 close()方法	此 Statement 对象的数据库	JDBC 资源（包含 ResultSet 对象）
Connection 接口的 close()方法	此 Connection 对象的数据库	JDBC 资源（包含 ResultSet、Statement 对象）

可以发现，三个 close()释放的资源存在包含关系，所以在编码时，释放资源的顺序应该写为：ResultSet 对象的 close()方法（查询操作）→Statement 对象的 close()方法→Connection 对象的 close()方法。也就是先释放范围小的资源，再释放范围大的资源。

值得注意的是，因为 PreparedStatement 继承自 Statement，所以 Statement 接口的 close()方法实际也代表了 PreparedStatement 对象的 close()方法。

如果不及时地通过 close()方法释放资源，已创建的 Connection 对象、Statement 对象、ResultSet 对象也会在 GC 执行垃圾回收时自动释放。但自动释放的方式会造成资源的释放不及时（必须等待 GC 主动回收），故不推荐。

综上，JDBC 的代码结构如下：

```
try{
    ①Class.forName（"驱动字符串"）
    ②获取 Connection 对象
    ③Statement 对象（或 PreparedStatement 对象）相关代码
    ④（如果是查询操作）ResultSet 对象相关代码
}catch (ClassNotFoundException e)
```

```
{...}
catch (SQLException e)
{...}
catch (Exception e)
{ ...}
finally
{
      try
      {
            （如果是查询操作）关闭 ResultSet 对象
            关闭 Statement 对象
            关闭 Connection 对象
      }catch (SQLException e)
      { ...}catch (Exception e)
      { ...}
}
```

10.3.4 Statement 和 PreparedStatement 的比较

Statement 和 PreparedStatement 都可以实现数据库的增、删、改、查等操作，但在实际开发中，一般推荐使用 PreparedStatement。因为，两者相比，PreparedStatement 有如下优势。

1．提高了代码的可读性和可维护性

PreparedStatement 可以避免烦琐的 SQL 语句拼接操作。例如，SQL 语句“insert into student(stuNo,stuName,stuAge,course) values(5,'ww',25)”，如果将其中的字段值用变量来表示（int stuNo=5;String stuName="ww";int stuAge=23;），用 Statement 方式执行时，需要写成：

```
stmt.executeUpdate("insert into student(stuNo,stuName,stuAge ) values("+stuNo+",'"+stuName+"',"+stuAge+")");
```

而如果用 PreparedStatement 方式执行时，就可以先用“?”充当参数值的占位符，然后再用“setXxx()”方法设置“?”的具体值，从而避免 SQL 语句的拼接操作。

2．提高了 SQL 语句的性能

在使用 Statement 和 PreparedStatement 向数据库发送 SQL 语句时，数据库都会解析并编译该 SQL 语句，并将解析和编译的结果缓存起来。但在使用 Statement 时，这些缓存结果仅仅适用于那些完全相同的 SQL 语句（SQL 主体和拼接的 SQL 参数均相同）。换个角度讲，如果某条 SQL 的 SQL 主体相同，但拼接的参数不同，也仍然不会使用之前缓存起来的结果，这就严重影响了缓存的使用效率。

而 PreparedStatement 就不会像 Statement 那样将 SQL 语句完整地编译起来，而是采用了预编译机制：只编译 SQL 主体，不编译 SQL 参数。因此，在使用 PreparedStatement 时，只要多条 SQL 语句的 SQL 主体相同（与 SQL 语句中的参数无关），就可以复用同一份缓存。这点就类似于 Java 中方法调用的流程：Java 编译器会预先将定义的方法编译好（但不会编译方法的参数值），之后在多次调用这个方法时，即使输入参数值不同，也可以复用同一个方法。因此，如果某个业务需要重复执行主体相同的 SQL 语句（无论 SQL 中的参数是否相同），就可以利用 PreparedStatement 这种预编译 SQL 的特性来提高数据库缓存的利用率，进而提升性能。

但要注意的是，PreparedStatement 虽然在执行重复的 SQL 语句时具有较高的性能，但如果某个 SQL 语句仅仅会被执行一次或者少数几次，Statement 的性能是高于 PreparedStatement 的。

3．提高了安全性，能有效防止 SQL 注入

在使用 Statement 时，可能会用以下代码来进行登录验证：

```
stmt = connection.createStatement();
String querySql = "select count(*) from login where username = '"+uname+"' and password = '"+upwd+"'" ;
rs = stmt.executeQuery (querySql);
…
if(rs.next()){
    int result = rs.getInt("count(*)")
    if(result>0)  { //登录成功}
    else{//登录失败}
}
```

上述代码看起来没有问题，但试想如果用户输入的 uname 值是“任意值' or 1=1--”、upwd 的值是“任意值”，则 SQL 语句拼接后的结果如下：

```
select count(*) from login where username = '任意值' or 1=1--' and password = '任意值'
```

在这条 SQL 语句中，用“or 1=1”使 where 条件永远成立，并且用“--”将后面的 SQL 语句注释掉，这样就造成了安全隐患（SQL 注入），使得并不存在的用户名和密码也能登录成功。

而 PreparedStatement 方式传入的任何数据都不会和已经编译的 SQL 语句进行拼接，因此，可以避免 SQL 注入攻击。

综上所述，在实际开发中推荐使用 PreparedStatement 操作数据库。

10.4 使用 JDBC 调用存储过程和存储函数

JDBC 除了能够向数据库发送 SQL 语句，还可以通过 CallableStatement 对象调用数据库中的存储过程或存储函数。

CallableStatement 对象可以通过 Connection 对象创建，代码如下：

```
CallableStatement cstmt= connection.prepareCall(调用储过程或存储函数);
```

调用存储过程（无返回值）时，prepareCall()方法的参数（字符串）格式为：

```
{ call 存储过程名(参数列表) }
```

调用存储函数（有返回值）时，prepareCall()方法的参数（字符串）格式为：

```
{ ? = call 存储过程名(参数列表) }
```

对于参数列表，需要注意以下两点：

（1）参数的索引是从 1 开始编号的。

（2）具体的参数，既可以是输入参数（IN 类型），也可以是输出参数（OUT 类型）。输入参数使用 setXxx()方法进行赋值；输出参数（或返回值参数）必须先使用 registerOutParameter()方法设置参数类型，然后调用 execute()执行存储过程或存储函数，最后再通过 getXxx()获取结果值。

下面，通过“两个数相加”的示例，分别演示调用存储过程和存储函数的具体步骤。

①调用存储过程（无返回值）。

先在 MySQL 中创建存储过程 addTwoNum()，SQL 脚本如程序清单 10.5 所示。

```
delimiter $
create procedure addTwoNum
( in num1 int,   in num2 int, out   total   int )
begin
        set total = num1+num2;
end $
```

程序清单 10.5

再使用 JDBC 调用刚才创建好的存储过程，详见程序清单 10.6。

```
//package、import
public class JDBCOperateByCallableStatement{
        …
        static CallableStatement cstmt = null;
        public static void executeByCallableStatement(){
                try   {
                        …
                        //创建 CallableStatement 对象，并调用数据库中的存储过程 addTwoNum()
                        cstmt = connection.prepareCall("{call addTwoNum(?,?,?)}");
                        //将第一个参数值设为 10
                        cstmt.setInt(1, 10);
                        //将第二个参数值设为 20
                        cstmt.setInt(2, 20);
                        //将第三个参数（输出参数）类型设置为 int
                        cstmt.registerOutParameter(3, Types.INTEGER);
                        //执行存储过程
                        cstmt.execute() ;
                        //执行完毕，获取第三个参数（输出参数）的值
                        int result = cstmt.getInt(3);
                        System.out.println("相加结果是："+result);
                }
                //省略 catch、finally 部分代码
        }
}
```

程序清单 10.6

最后通过 main()方法进行测试，具体代码详见程序清单 10.7。

```
//package、import
public class TestJDBCOperateByCallableStatement{
        public static void main(String[] args)    {
                JDBCOperateByCallableStatement.executeByCallableStatement();
        }
}
```

程序清单 10.7

程序运行结果如图 10.8 所示。

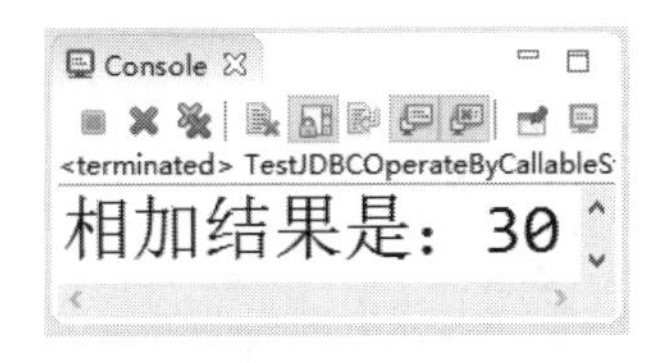

图 10.8 程序运行结果

②调用存储函数（有返回值）。

先在 MySQL 中创建存储函数 addTwoNumAndReturn()，SQL 脚本如程序清单 10.8 所示。

```
delimiter $
create function    addTwoNumAndReturn
( num1 int,    num2 int )
returns int
begin
        declare total int default 0;
        set total = num1+num2;
        return total ;
end $
```

程序清单 10.8

初学阶段，如果在执行程序清单 10.8 时出现了错误提示：

```
This function has none of DETERMINISTIC, NO SQL, or READS SQL DATA in its declaration and binary logging is enabled (you *might* want to use the less safe log_bin_trust_function_creators variable
```

一种解决方法就是将 MySQL 系统变量“log_bin_trust_function_creators”设置为 true，即执行：

```
set global log_bin_trust_function_creators=TRUE;
```

再使用 JDBC 调用刚才创建好的存储函数，具体代码详见程序清单 10.9。

```
//package、import
public class JDBCOperateByCallableStatement{
        …
        static CallableStatement cstmt = null;
        public static void executeByCallableStatementWithResult(){
                try    {
                        …
                        //创建 CallableStatement 对象，并调用数据库中的存储函数
                        cstmt = connection.prepareCall("{? = call addTwoNumAndReturn(?,?)}");
                        //将第一个参数（返回值）类型设置为 int
                        cstmt.registerOutParameter(1, Types.INTEGER);
                        //将第二个参数值设为 10
                        cstmt.setInt(2, 10);
                        //将第三个参数值设为 20
                        cstmt.setInt(3, 20);
                        //执行存储函数
```

```
                cstmt.execute() ;
                //执行完毕，获取第三个参数的值（返回值）
                int result = cstmt.getInt(1);
                System.out.println("相加结果是："+result);
            }
            //省略 catch、finally 部分代码
        }
}
```

程序清单 10.9

最后通过 main()方法进行测试，具体代码详见程序清单 10.10。

```
//package、import
public class TestJDBCOperateByCallableStatement{
    public static void main(String[] args){
        JDBCOperateByCallableStatement. executeByCallableStatementWithResult ();
    }
}
```

程序清单 10.10

程序运行结果如图 10.9 所示。

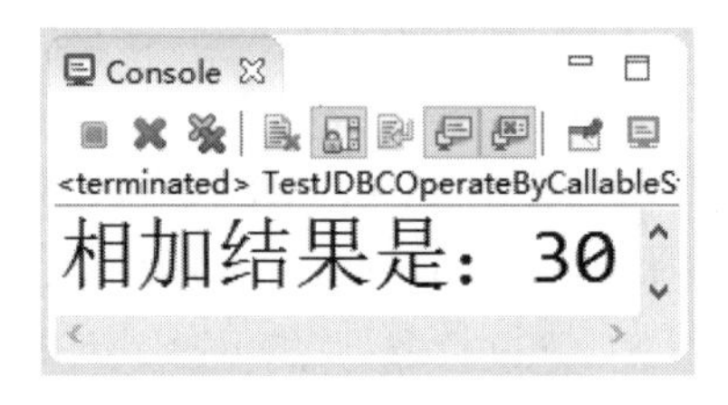

图 10.9　程序运行结果

10.5　使用 JDBC 存取大文本和二进制数据

实际开发中，经常会处理一些大文本数据（MySQL 中的 TEXT 类型）或二进制数据（MySQL 中的 BLOB 类型）。要想在数据库中读写大文本或二进制类型的数据，就必须综合使用 PreparedStatement 和 IO 流的相关技术。

10.5.1　读写 TEXT 数据

在 MySQL 中，TEXT 用于存放大文本数据。以下是将一篇小说写入 TEXT 类型字段的具体步骤。

（1）创建 myNovel 表，并设置 TEXT 类型的字段 novel，SQL 脚本如程序清单 10.11 所示。

```
create table myNovel
(
    id int primary key, novel text
);
```

程序清单 10.11

（2）将小说写入 myNovel 表的 novel 字段（TEXT 类型）。先将小说转为字符输入流，然后通过 PreparedStatement 的 setCharacterStream()方法写入数据库，具体代码详见程序清单 10.12。

```
//package、import
public class WriteAndReadNovel{
    …
    static PreparedStatement pstmt = null;
    //将小说写入数据库
    public static void writeNovelToText()   {
        try   {
            Class.forName(DRIVER);
            connection = DriverManager.getConnection(URL, USERNAME, PASSWORD);
            String sql = "insert into myNovel(id,novel) values(?,?)" ;
            //处理 text/blob，必须使用 PreparedStatement 对象
            pstmt = connection.prepareStatement(sql) ;
            pstmt.setInt(1, 1); // id=1

            //将小说转为字符输入流，并设置编码格式为中文 GBK 格式
            File file = new File("E:\\小说.txt");
            Reader reader = new InputStreamReader(new FileInputStream(file),"GBK");

            //将字符输入流写入 myNovel 表
            pstmt.setCharacterStream(2, reader,(int)file.length());
            int result = pstmt.executeUpdate();
            if(result >0){
                System.out.println("小说写入成功！");
            }else {
                System.out.println("小说写入失败！");
            }
        }
        //省略 catch、finally 部分代码
    }
    public static void main(String[] args){
        writeNovelToText();
    }
}
```

程序清单 10.12

执行程序，运行结果如图 10.10 所示。

图 10.10　程序运行结果

（3）读取数据库中的小说。通过 ResultSet 的 getCharacterStream ()方法读取小说，然后通过 IO 流写入硬盘（src 根目录），具体代码详见程序清单 10.13。

```
//package、import
public class WriteAndReadNovel{
    ...
    static PreparedStatement pstmt = null;
    static ResultSet rs = null;
        //从数据库读取小说，并放入 src 目录
        public static void readNovelToText(){
            try   {
                Class.forName(DRIVER);
                connection = DriverManager.getConnection(URL, USERNAME, PASSWORD);
                String sql = "select * from myNovel where id = ?" ;
                pstmt = connection.prepareStatement(sql) ;
                pstmt.setInt(1, 1);//id=1
                rs =   pstmt.executeQuery() ;
                if(rs.next()){
                    //将小说从数据库中读取出来，类型为 Reader
                    Reader reader =   rs.getCharacterStream("novel") ;

                    //通过 IO 流将小说写到项目中（硬盘)
                    //将小说的输出路径设置为 src（相对路径）
                    Writer writer = new FileWriter("src/小说.txt");
                    char[] temp = new char[200];
                    int len = -1;
                    while( (len=reader.read(temp) )!=-1)      {
                        writer.write(temp,0,len);
                    }
                    writer.close();
                    reader.close();
                    System.out.println("小说读取成功！ ");
                }
            }
            //省略 catch、finally 部分代码
        }
    public static void main(String[] args){
        readNovelToText();
    }
}
```

程序清单 10.13

执行程序，运行结果如图 10.11 所示。

图 10.11　程序运行结果

刷新项目，可以在 src 目录下看到读取出来的小说，如图 10.12 所示。

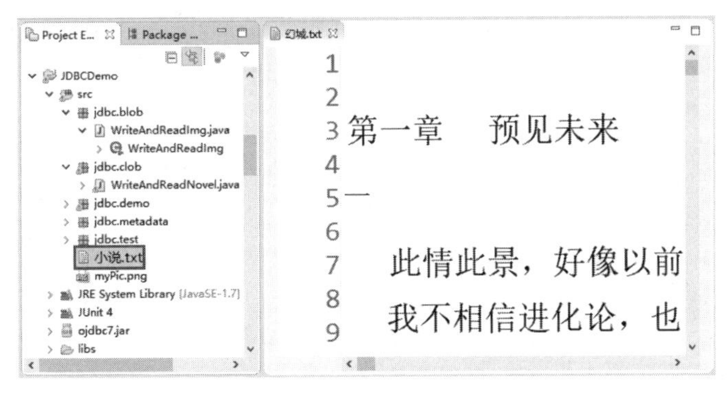

图 10.12　程序运行结果

说明：在 Oracle 数据库中，存储大文本数据的类型是 CLOB。

10.5.2　读写 BLOB 数据

BLOB 可用于存放二进制数据（常用于保存图片、视频、音频等格式的数据）。以下是将图片存入 BLOB 类型字段的具体步骤。

（1）创建 myPicture 表，并设置 BLOB 类型的字段 img，SQL 脚本如程序清单 10.14 所示。

```
create table myPicture
(
    id int primary key,
    img blob
)
```

程序清单 10.14

（2）将图片写入 myPicture 表的 img 字段（BLOB 类型）。先将图片转为输入流，然后通过 PreparedStatement 对象的 setBinaryStream()方法写入数据库，具体代码详见程序清单 10.15。

```
//package、import
public class WriteAndReadImg{
    …
    static PreparedStatement pstmt = null;
    static ResultSet rs = null;
    //将图片写入数据库
    public static void writeImgToBlob()    {
        try  {
            Class.forName(DRIVER);
            connection = DriverManager.getConnection(URL, USERNAME, PASSWORD);
```

```
            String sql = "insert into myPicture(id,img) values(?,?)" ;
            //处理 text/blob，必须使用 PreparedStatement 对象
            pstmt = connection.prepareStatement(sql) ;
            pstmt.setInt(1, 1);//id=1

            //将图片转为输入流
            File file = new File("E:\\lanqiao.png");
            InputStream in = new FileInputStream(file);
            //将输入流写入 myPicture 表
            pstmt.setBinaryStream(2, in,(int)file.length());
            int result = pstmt.executeUpdate();
            if(result >0){
                System.out.println("图片写入成功！");
            }else {
                System.out.println("图片写入失败！");
            }
        }
        //省略 catch、finally 部分代码
    }

    public static void main(String[] args){
        writeImgToBlob();
    }
}
```

程序清单 10.15

执行程序，运行结果如图 10.13 所示。

图 10.13　程序运行结果

（3）读取数据库中的图片。通过 ResultSet 的 getBinaryStream()方法读取图片，然后通过 IO 流写入硬盘（src 根目录），具体代码详见程序清单 10.16。

```
//package、import
public class WriteAndReadImg{
    …
    static PreparedStatement pstmt = null;
    static ResultSet rs = null;
    …
    //从数据库读取图片
    public static void readImgToBlob(){
        try  {
```

```
            Class.forName(DRIVER);
            connection = DriverManager.getConnection(URL, USERNAME, PASSWORD);
            String sql = "select * from myPicture where id = ?" ;
            pstmt = connection.prepareStatement(sql) ;
            pstmt.setInt(1, 1);//id=1
            rs =   pstmt.executeQuery() ;
            if(rs.next()){
                //将图片从数据库中读取出，类型为 InputStream
                InputStream imgIn =   rs.getBinaryStream("img") ;
                //通过 IO 流，将图片写到项目中（硬盘）
                InputStream in = new BufferedInputStream(imgIn) ;
                //将图片的输出路径设置为 src（相对路径），图片名为 myPic.png
                OutputStream imgOut =new FileOutputStream("src//myPic.png");
                OutputStream out = new BufferedOutputStream(imgOut) ;
                int len = -1;
                while( (len=in.read() )!=-1)   {
                    out.write(len);
                }
                imgOut.close();
                imgIn.close();
                System.out.println("图片读取成功！ ");
            }
        }
        //省略 catch、finally 部分代码
    }

    public static void main(String[] args){
        readImgToBlob();
    }
}
```

程序清单 10.16

执行程序，运行结果如图 10.14 所示。

图 10.14　程序运行结果

刷新项目，可以在 src 目录下看到读取出来的图片，如图 10.15 所示。

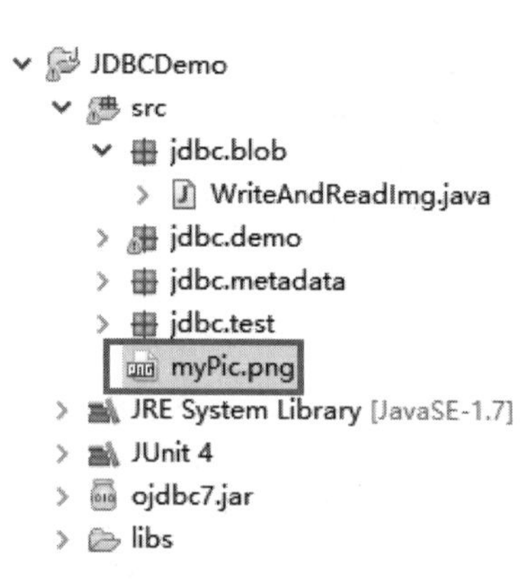

图 10.15　读取图片

10.6　本 章 小 结

本章介绍了如何使用 JDBC 访问关系型数据库 MySQL，具体如下：

（1）JDBC API 包含了 Java 应用程序与各种不同数据库交互的标准接口，如 Connection 连接接口、Statement 操作接口、ResultSet 结果集接口、PreparedStatement 预处理操作接口等，使用这些 JDBC 接口可以操作各种关系型数据库。

（2）使用 JDBC 访问数据库的基本步骤是：使用 Class.forName("驱动字符串")加载驱动类、获取 Connection 对象、使用 Statement 对象（或 PreparedStatement 对象）向数据库发送 SQL 语句，如果是查询操作还需要通过 ResultSet 对象获取结果集。

（3）与 Statement 相比，PreparedStatement 有着如下的优势：提高了代码的可读性和可维护性，提高了 SQL 语句的性能，能有效防止 SQL 注入。

（4）可以使用 CallableStatement 对象的 prepareCall()方法调用数据库中的存储过程和存储函数，调用存储过程（无返回值）时，该方法参数的格式是“{ call 存储过程名(参数列表) }”；调用存储函数（有返回值）时，该方法参数格式是“{ ? = call 存储过程名(参数列表) }”。

（5）可以使用 PreparedStatement 和 IO 流，在数据库中读写大文本或二进制类型的数据。例如，要将图片写入 myPicture 表的 img 字段（BLOB 类型），就可以先将图片转为输入流，然后通过 PreparedStatement 对象的 setBinaryStream()方法写入数据库。

10.7　本 章 练 习

单选题

（1）在 Java 中，JDBC API 定义了一组用于与数据库进行通信的接口和类，它们包括在（　　）包中。

A．java.lang　　B．java.sql　　C．java.util　　D．java.math

（2）以下可以正确获取结果集的是（　　）。

A．

PreparedStatement pst=con.preparedStatement();

ResultSet rst=pst.executeQuery("select*from book");

B.

Statement sta=con.createStatement();

ResultSet rst=sta.executeUpdate("select*from book");

C.

PreparedStatement pst=con.preparedStatement("select*from book");

ResultSet rst=pst.executeQuery();

D.

Statement sta=con.createStatement("select*from book");

ResultSet rst=sta.executeQuery();

（3）Statement 接口中的 executeQuery(String sql)方法返回的数据类型是（　　）。

A．Statement 接口实例　　B．Connection 接口实例

C．DatabaseMetaData 类的对象　　D．ResultSet 接口对象

（4）以下关于 PreparedStatement 与 Statement 的描述中错误的是（　　）。

A．PreparedStatement 可以防止 SQL 注入。

B．PreparedStatement 会预编译 SQL 语句。

C．当执行大量重复的 SQL 语句时，使用 PreparedStatement 的性能较高；当某个 SQL 语句仅仅会被执行一次或者少数几次时，使用 Statement 的性能较高。

D．Statement 执行扫描的结果集比 PreparedStatement 大。

（5）以下关于 JDBC 的相关描述中错误的是（　　）。

A．JDBC API 包含了 Connection 连接接口、Statement 操作接口、ResultSet 结果集接口、PreparedStatement 预处理操作接口和 FileInputStream 类等。

B．与 Statement 相比，PreparedStatement 可以防止 SQL 注入，并能提高代码的可读性和可维护性，因此，一般在开发时推荐使用 PreparedStatement。

C．使用 CallableStatement 提供的 prepareCall()方法调用存储过程（无返回值）时，其参数的格式是"{ call 存储过程名(参数列表) }"；调用存储函数（有返回值）时，其参数的格式是"{ ? = call 存储过程名(参数列表) }"。

D．JDBC 可以使用 PreparedStatement 和 IO 流相关接口和类，在数据库中读写大文本或二进制类型的数据。

附录 A

部分练习参考答案及解析

第 1 章 Java 异常处理机制

单选题

（1）【答案】 B

【解析】 IllegalAccessException 是访问权限不足构成的异常；ClassCastException 是类型转换异常；InputMismatchException 通常是使用 Scanner 输入数据时发生的类型不匹配异常。

（2）【答案】 D

【解析】 继承自 RuntimeException 类的都是运行时异常。

（3）【答案】 A

【解析】 异常的基类是 Throwable。

（4）【答案】 D

【解析】 异常不能简单地理解为错误。异常是在程序编译或运行中所发生的可预料的或不可预料的异常事件，它会引起程序的中断，影响程序正常运行。

（5）【答案】 D

【解析】 对于运行时异常，可以不做处理。只不过存在发生运行时异常的可能性，但语法上是可以不处理运行时异常的。

第 2 章 集合和泛型

单选题

（1）【答案】 A

【解析】 对于 Integer，在−128～+127 范围内的数值直接从缓冲区中获取。

（2）【答案】 A

【解析】 单值集合的顶级接口是 Collection，键值对集合的顶级接口是 Map。

（3）【答案】 C

【解析】 List 集合中的元素是有序的、可重复的；Set 集合中的元素是无序的、不可重复的。

（4）【答案】　C

【解析】　ArrayList 中 add()方法的定义如下：

```
public boolean add(E e) {
    ensureCapacityInternal(size + 1);
    elementData[size++] = e;
    return true;
}
```

（5）【答案】　D

【解析】　在使用比较器比较元素时，如果该对象小于、等于或大于指定对象，则分别返回负整数、零或正整数。

（6）【答案】　B

【解析】　Set 集合中的元素是无序的，不存在元素索引，因此不能通过普通 for 遍历。

（7）【答案】　C

【解析】　自动装箱和自动拆箱都是编译器自动完成的，无须程序员干预。

第 3 章　IO 和 XML

单选题

（1）【答案】　D

【解析】　Filelnputstream 是字节输入流；FileReader 是字符输入流；FileWriter 是字符输出流；File 是文件操作类，提供了对文件或目录及其属性的基本操作。

（2）【答案】　D

【解析】　InputStream 与 OutputStream 是字节流，可以用于处理二进制等任何类型的文件； Reader 与 Writer 是字符流，用于处理文本文件；IO 流根据流向，可以分为输入流和输出流。File 类是文件操作类，不是输入流或输出流。

（3）【答案】　A

【解析】　InputStreamReader 是转换流，可以把字节流转换为字符流。通过查阅 API 可知，InuptStreamReader 构造方法的参数是字节流。

（4）【答案】　A

【解析】　InputStream 是输入流，用于读操作。

“BufferedOutputStream bos = new BufferedOutputStream(new FileOutputStream(...)) ;”在这句代码的底层，主要使用的是设计模式中的适配器模式。

Reader 和 Writer 用于对文本文件的读和写。

（5）【答案】　D

【解析】　XML 的主要应用范围是存储数据、系统配置和数据交换。

第 4 章　Java 反射机制

单选题

（1）【答案】　C

【解析】　getMethods()只能获取 public 修饰的方法，但这些方法既可以是本类中定义的，也可以是在父类（或父接口）中定义的；getDeclaredMethods()可以获取 private 等四种访问修饰符修饰的方法，但这些方法只能是在本类定义的，不包含父类（或父接口）中定义的方法。getDeclaredFields()与 getFields()，及 getDeclaredConstructors()和 getConstructors()方法的区别与之类似。

（2）【答案】　C

【解析】　TYPE 是包装类特有的属性（如 Integer.TYPE），一般的类是没有 TYPE 属性的。

（3）【答案】　A

【解析】　反射可以在运行时构造一个类的对象，判断一个类所具有的成员变量和方法，或者在运行时调用一个对象的方法，但不能反编译对象。

（4）【答案】　D

【解析】　通过反射调用方法的语法是“invoke(对象名,参数列表)”，反射可以通过“Class.getMethod(方法名，参数类型列表)”的方式获取某个符合访问修饰符约束的方法，“Class 对象.getDeclaredMethod(方法名，参数类型列表)”可以获取类中的任何一个方法（含 private 修饰的私有方法）。

（5）【答案】　B

【解析】　“Field 对象.setAccessible(true);”可以打开私有属性的访问权限。

“getDeclareField ()”可以获取所有修饰符修饰的属性。

（6）【答案】　D

【解析】　反射中，在执行了“Method 对象.setAccessible(true);”之后，是可以执行私有方法的。

（7）【答案】　D

【解析】　注意方法的参数列表，正确的应该是 void setInt(Object array, int index, int i)。

第 5 章　Java 多线程机制

单选题

（1）【答案】　A

【解析】　notifyAll()方法可以唤醒在此对象锁上等待的所有线程；notify()方法会随机唤醒在此对象锁上等待的一个线程；sleep()方法是线程休眠；wait()方法会让线程处于阻塞状态。

（2）【答案】　A

【解析】　wait()、notify()/notifyAll()等方法是对象级别的，都是在 Object 类中定义的。

（3）【答案】　D

【解析】　线程被创建后并不会立刻执行，会在调用 start()方法后处于就绪状态。当一个线程因为抢占机制而停止运行时，它被放在可运行队列的最后，即遵循 FIFO 的顺序。

（4）【答案】　B

【解析】　线程通常在 3 种情况下会终止：

①线程中的 run()方法执行完毕后线程终止；

②线程抛出了异常且未被捕获；

③调用当前线程的 stop()方法终止线程（该方法已被废弃）。

（5）【答案】　C

【解析】　线程的生命周期可以分为新建状态、就绪状态、运行状态、阻塞状态和终止状态等，如附图 A.1 所示。

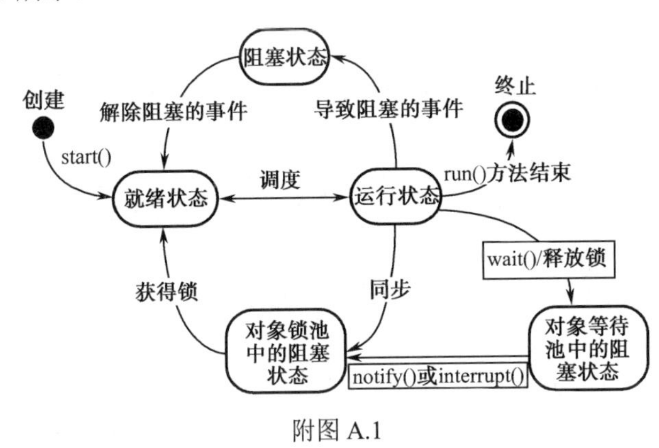

附图 A.1

（6）【答案】　B

【解析】　线程启动的方法是 start()。Thread 类和 Runnable 接口都可以用于定义线程对象，但使用 Runnable 接口定义完线程对象后，必须转为 Thread 对象后才能使用。因为 Runnable 接口中仅仅提供了 run()这一个方法，无法启动或合理地操作线程。

（7）【答案】　C

【解析】　sleep(1000)会使线程休眠 1000 毫秒，但休眠结束后线程会处于就绪状态，并不一定直接运行，因此是>=1000 毫秒。

第 6 章　Java 网络编程 API

单选题

（1）【答案】　D

【解析】　TCP/IP 模型和 OSI 模型的各层如附图 A.2 所示。

（2）【答案】　C

【解析】　TCP/IP 在建立连接时需要三次握手：

第一次握手：建立连接时，源端发送同步序列编号（Synchronize Sequence Numbers，SYN）包（SYN = j）到目的端，等待目的端确认。

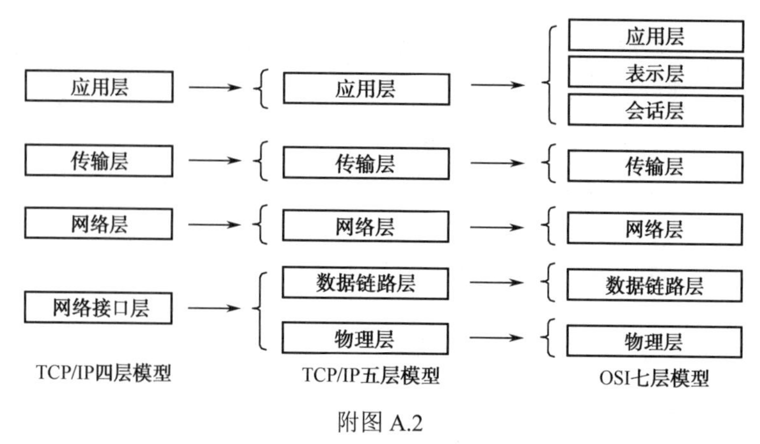

附图 A.2

第二次握手：目的端收到 SYN 包，确认源端的 SYN（ACK = j+1），同时自己也发送一个 SYN 包（SYN = k），即 SYN + ACK 包。

第三次握手：源端收到目的端的 SYN + ACK 包，向目的端发送确认包 ACK（ACK = k+1）。此包发送完毕，源端和目的端完成三次握手，源端可以向目的端发送数据。

（3）【答案】 C

【解析】 OSI 模型的七个层次从下往上依次是物理层、数据链路层、网络层、传输层、会话层、表示层和应用层。

（4）【答案】 C

【解析】 connect 是客户端主动连接服务端的行为，因此，connect 不是在服务端操作的。

（5）【答案】 B

【解析】 UDP 提供的是无连接、不可靠信息传送服务。每个在数据报套接字上发送或接收的包都是单独编址和路由的。从一台机器发送到另一台机器的多个包可能选择不同的路由，也可能按不同的顺序到达。

（6）【答案】 D

【解析】 必须在遵循相关法律、法规和道德要求的前提下，合理地使用爬虫。

第 7 章 Java 注解

单选题

（1）【答案】 A

【解析】 JDK 中内置的注解是@Override、@Deprecated 和 @SuppressWarnings。

（2）【答案】 B

【解析】 @Override 注解修饰的方法为重写方法；@Deprecated 注解表明该方法已废弃，不建议再使用，但仍然可以使用；注解可以用在方法、属性、接口或类上。

（3）【答案】 C

【解析】 @Override 注解修饰的方法为重写方法；JDK 中并不存在@Overtime 注解；@Retention 元注解用于指定被修饰的注解可以保留多长时间。

（4）【答案】 A

【解析】 重写方法推荐使用@Override 注解标注，但语法上也可以不标识。

（5）【答案】 B

【解析】 注解和注释是两种完全不同的语法，注解可以为程序增加额外的功能，或为程序添加元数据。

第 8 章 JUnit

单选题

（1）【答案】 D

【解析】 JUnit 是一个针对 Java 语言的单元测试框架，也是 Java 测试框架中最普遍应用的一个。

（2）【答案】 B

【解析】 JUnit 主要用来完成单元测试。

黑盒测试不需要编写代码，测试人员只需要提供输入值，看程序是否能够输出期望的值即可；而白盒测试需要编写代码，即通过代码来测试代码，因此 JUnit 属于白盒测试。

JUnit 利用了 JDK 1.5 的注解特性简化测试的编写，但 JUnit 中的@Before、@After、@Test 等注解是 JUnit 软件包提供的，并非 JDK 提供。

（3）【答案】 B

【解析】 JUnit Platform 不仅支持 JUnit 5，还兼容其他测试引擎以及旧版本的 JUnit（JUnit 3、JUnit 4 等）。

（4）【答案】 D

【解析】 JUnit 5 中的@BeforeEach 在测试类中每个测试方法之前各执行一次。更多 JUnit 4 和 JUnit 5 中注解的区别请见附表 A.1。

附表 A.1 JUnit 4 与 JUnit 5 注解对照表

含　义	JUnit 4	JUnit 5
在测试类中，所有的测试方法执行之前执行且仅执行一次	@BeforeClass	@BeforeAll
在测试类中，所有的测试方法执行之后执行且仅执行一次	@AfterClass	@AfterAll
在测试类中，每个测试方法执行之前执行	@Before	@BeforeEach
在测试类中，每个测试方法执行之后执行	@After	@AfterEach
禁用某个测试方法或测试类	@Ignore	@Disabled
标记和过滤	@Category	@Tag

第 9 章 JDK 8 新特性

单选题

（1）【答案】 B

【解析】 一个完整的 Lambda 表达式是由用逗号分隔的参数列表、箭头符号（->）和

方法体（表达式或代码块）组成的。

（2）【答案】 D

【解析】 函数式接口中的方法可以改写为 Lambda 表达式的形式；Lambda 表达式是 JDK 8 提供的新特性；Lambda 表达式可以简化匿名内部类的写法，并且可以与程序中的匿名内部类兼并使用；Lambda 表达式是一种匿名方法。

（3）【答案】 A

【解析】 函数式接口可以使用@FunctionalInterface 进行标注，但不是必须的。除了 java.util.function 包中的函数式接口，还存在其他的函数式接口。例如，Runnable 就是一个函数式接口，但并不存在于 java.util.function 包中。四大函数式接口中的断言型接口是 Predicate，而不是 Assert。

（4）【答案】 A

【解析】 在 JDK 8 中，接口中的方法如果包含方法体，该方法一定是被 default 修饰的默认方法，而不能是普通的方法。

（5）【答案】 D

【解析】 在对 Stream 对象执行了一次终止操作后，就不能再对 Stream()对象进行其他操作了。如果想重复使用已终止的流对象，就必须再重新生成一次流对象。

第 10 章 JDBC

单选题

（1）【答案】 B

【解析】 JDBC API 定义了一组用于与数据库进行通信的接口和类，存在于 JDK 的 java.sql 包中。

（2）【答案】 C

【解析】 使用 Statement 获取结果集的代码如下：

```
Statement sta=con.createStatement(); ResultSet rst=sta.executeQuery("select*from book");
```

使用 PreparedStatement 获取结果集的代码如下：

```
PreparedStatement pst=con.preparedStatement("select*from book");ResultSet rst=pst.executeQuery();
```

（3）【答案】 D

【解析】 Statement 接口是操作数据对象的类型；Connection 接口是数据库连接对象的类型；DatabaseMetaData 类是数据库的元数据类型；ResultSet 接口是数据结果集对象的类型。

（4）【答案】 D

【解析】 PreparedStatement 有着如下的优势：提高了代码的可读性和可维护性，提高了执行重复 SQL 语句时系统的性能，能有效防止 SQL 注入。

（5）【答案】 A

【解析】 FileInputStream 类存在于 java.io 包中，不是 JDBC API 提供的。

参 考 文 献

[1]〔美〕凯・S. 霍斯特曼．Java 核心技术（卷Ⅱ）：高级特性[M]．陈昊鹏，王浩，等译．原书第 8 版．北京：机械工业出版社，2008．

[2]〔美〕Bruce E.．Java 编程思想[M]．陈昊鹏译．4 版．北京：机械工业出版社，2007．